FINISHING TECHNOLOGY AND EQUIPMENT FOR
STRAW FERMENTATION FEED

# 秸秆发酵饲料
## 精加工技术与设备

李晓华　胡民强　李定华　主编

化学工业出版社

·北京·

## 内 容 简 介

本书介绍了秸秆资源，微生物发酵饲料，秸秆发酵原理、工艺、设备、菌种和发酵饲料制作方法。在此基础上，推介了几种地源性秸秆发酵饲料利用模式。有助于读者因地制宜开发地源性饲料资源，设计具有地源性饲料特色的饲料配方，构建具有地方特色的绿色养殖模式；实现秸秆资源循环利用，牲畜"无抗"养殖和生态养殖；达到降低养殖成本、提高经济效益、保护生态环境的目的。

本书通俗易懂，可操作性强，可供中小型饲料厂、养殖场以及农业科技人员阅读参考。

**图书在版编目（CIP）数据**

秸秆发酵饲料精加工技术与设备/李晓华，胡民强，
李定华主编. —北京：化学工业出版社，2022.10（2023.10重印）
ISBN 978-7-122-41865-4

Ⅰ.①秸…　Ⅱ.①李…②胡…③李…　Ⅲ.①秸秆-发酵饲料-饲料加工②秸秆-发酵饲料-饲料加工-设备
Ⅳ.①S816.634

中国版本图书馆 CIP 数据核字（2022）第 129309 号

责任编辑：冉海滢　刘　军　　　　　文字编辑：赵爱萍
责任校对：宋　夏　　　　　　　　　装帧设计：韩　飞

出版发行：化学工业出版社（北京市东城区青年湖南街 13 号　邮政编码 100011）
印　　装：涿州市般润文化传播有限公司
710mm×1000mm　1/16　印张 10¼　字数 131 千字
2023 年 10 月北京第 1 版第 2 次印刷

购书咨询：010-64518888　　　　　售后服务：010-64518899
网　　址：http://www.cip.com.cn
凡购买本书，如有缺损质量问题，本社销售中心负责调换。

定　　价：68.00 元

# 编写人员名单

主　编　李晓华　胡民强　李定华
副主编　王　征　寻立之　何冬兰　吴端钦

**编写人员**（按姓名汉语拼音排序）

程国军（中南民族大学）

丁　辉（天津大学）

傅剑锋（安徽乐农环保科技有限公司）

何冬兰（中南民族大学）

胡民强（佛山科学技术学院）

李定华（湖南碧野生物科技有限公司）

李晓华（中南民族大学）

刘　昆（湖南博野有机农业有限责任公司）

刘　涛（中南民族大学）

王　征（湖南碧野生物科技有限公司）

吴端钦（中国农业科学院麻类研究所）

夏　爽（中南民族大学）

熊尚明（湖南碧野生物科技有限公司）

寻立之（湖南碧野生物科技有限公司）

于孟飞（中南民族大学）

余建军（湖南碧野生物科技有限公司）

章永平（湖南碧野生物科技有限公司）

# 序

我国是一个农业大国，农作物秸秆资源十分丰富，具有数量大、分布广、种类多和价格低廉等优势。在我国传统农业中，秸秆是草食动物越冬保命的主要饲料之一。但是，秸秆饲料化利用也存在一些不足：秸秆质地粗、口感差、营养价值低；产生的季节与地域相当集中，往往造成利用少、废弃多，常常变成农田污染源。一方面造成农作物秸秆浪费，污染环境；另一方面造成草食家畜饲料的严重短缺。

针对这一问题，中南民族大学生命科学学院、湖南碧野生物科技有限公司、佛山科学技术学院与中国农业科学院麻类研究所等单位合作攻关，历时数年，以"替抗、提质、增效、环保"为宗旨，研发出一套发酵饲料生产设备，配套生物资源和加工技术。以农作物秸秆、青绿饲料、糟渣等农业废弃物为原料，通过"粉碎搓揉软化→高温杀菌净化→菌种优化添加→生物发酵酶解→营养升级配方"等机械主导和菌酶协同的创新工艺，成功研制出了质地柔软、适口性好、营养丰富、消化利用率高的秸秆发酵饲料。应用表明，农作物秸秆等地源性饲料资源就地精加工制成发酵饲料，就近喂养牛羊的模式具有明显的优势：一是充分利用了本地的如玉米秆、稻草等鲜湿秸秆资源，既清洁了农田，又为养殖业提供了饲料保障，特别是夏季秸秆资源通过加工和储存而变成冬季饲粮；二是秸秆通过精细加工变成了适口性好、消化利用率高、生物功能强大的发酵饲料，帮助动物提高免疫力，确保动物健康生长，进而可实现"无抗"绿色养殖；三是通过添加发酵饲料喂养牲畜，促进动物消化吸收功能，从而减少粪便中的氮磷排放和臭气污染，净化养殖场所环境，既提升了动物福利，又净化了乡村空气；四是有助于开发非常规饲料资源，高效利用地源性特色秸秆，进而构建特色配方体系和绿色养殖模式。

　　为了促进发酵饲料的应用与发展，共同探讨无抗绿色养殖技术，以上研发单位组织编写了《秸秆发酵饲料精加工技术与设备》一书。本书内容翔实，言简意赅，针对性强，便于种养业界同仁互相学习与交流。本书的出版将促进秸秆等饲料资源因地制宜、就近就地应用，以及秸秆资源饲料化应用，对发展节粮畜牧业、保障粮食安全具有重要意义。

李金林

中南民族大学校长　教授

2022 年 6 月

# 前　言

　　秸秆一般是指农作物成熟收获其主产品后剩余的副产品。秸秆作为一种非竞争性资源，具有数量大、分布广、种类多和价格低廉等优势，但在自然条件下大多是一种粗纤维含量高、蛋白质含量低、可消化养分低、质地粗硬、适口性差、营养价值低的粗饲料。长期以来，农作物秸秆是草食家畜的主要饲料源。

　　我国是畜牧业生产大国，但饲料资源短缺现象严重。面对畜牧业发展的共性问题，我国饲料工业的研究和发展重点，除了资源有效利用、提质增效、降低成本、保障畜产品食用安全、节能减排等方面外，秸秆等低值地源性饲料资源的高值化利用也将成为饲料工业发展新的增长点。目前，秸秆资源饲料化利用技术主要有秸秆青贮、氨化、搓揉丝化技术等。随着微生物发酵技术的进步和发酵工艺的日趋完善，发酵饲料成为当前饲料领域研究的热点。现在所谈及的畜产品品质、无抗养殖、环境污染等问题，都可能因为发酵饲料的发展与应用得到极大的改善，其可成为行之有效的解决途径之一。

　　发酵饲料与传统饲料相比有其自身的独特优势。通过发酵的秸秆饲料，因含有大量的有益微生物及其代谢产物，而具有以下优势：一是含有大量有益菌，能改善动物肠道微生态平衡，保障动物健康；二是发酵饲料具有酸香风味，能改善饲料适口性，提高动物采食量；三是发酵过程能减少饲料中的抗营养因子，提高饲料消化利用率；四是发酵饲料中可添加一些中草药植物材料一同加工，能增加饲料的防病治虫功能，获得一举两得的效果。

　　近年来，编者针对传统饲料发酵设备的不足，研发形成了一套对秸秆等原料进行丝化粉碎、搓揉软化、高温消毒、科学配料、两段发酵的秸秆精加工技术；并生产出质地柔软、酸香味浓、适口性好、营养丰富、消化利用率高的精品秸秆发酵饲料。为了推广该项技术，编写了本书。本书包括秸秆资源、微生物发酵饲料、秸秆发酵饲料加工设备、秸秆发酵饲料加工技术以及地源性发酵饲料利用模式等内容。在编写过程中，尽量考虑融合科学性和通俗性，突出实用性和操作性。重点是介绍实用技术与普及基础知识，尽量使读者易学易懂。期望本书能对养殖行业根据本地秸秆资源实际情况就地就近精细加工和高效利用有所帮助，同时对中小型饲料加工商、养殖者和广大农业科技人员有一定的参考价值。

在秸秆发酵饲料的研发、生产和推广应用以及本书编写过程中，湖南碧野生物科技有限公司提供了饲料发酵设备等方面的支持，还得到了有关专家的指导，在此一并致谢！本书第一章由胡民强编写，第二章由李晓华、胡民强、何冬兰编写，第三章由李定华、王征编写，第四章由胡民强、熊尚明、章永平等编写，第五章由胡民强、李定华、寻立之、吴端钦等编写。

由于时间及水平有限，本书难免存在疏漏之处，敬请广大读者批评指正。

编者
2022 年 5 月

# 目　录

# 第一章
# 秸秆资源

秸秆一般指农作物成熟收获其主产品后剩余的副产品，有的将主产品初加工过程中产生的副产品、部分干草和可用于饲料的园艺作物秸秆等也统计在秸秆的范畴之内。由于人们对秸秆的认识和利用目的不同，秸秆所包含的内容也有所不同。一般秸秆主要包括粮食、油料、棉花、甘蔗、麻类、蔬菜瓜果类、药材等作物的茎、叶、枝、梢、壳、芯、藤蔓、秧、穗以及部分干草等，其特点是粗纤维含量高、蛋白质含量低、可消化养分低、质地粗硬、适口性差。但秸秆具有种类多、数量大、分布广和价格低廉等优势，是家畜特别是草食家畜不可缺少的饲料资源。

## 第一节　秸秆种类

根据秸秆不同产出环节，将秸秆分为田间作物秸秆和加工副产物。田间作物秸秆指农作物主产品收割后在田间剩余的所有副产物，主要是作物的茎和叶。加工副产物是指农作物主产品粗级加工过程中产生的剩余物，如玉米芯、稻壳、甘蔗渣、木薯渣等，但不包括麦麸、饼粕等其他精细加工的副产物。

　　根据作物种类分为禾谷类作物秸秆、豆类作物秸秆和薯类作物秸秆等粮食作物秸秆，以及油料类作物秸秆、糖料类作物秸秆等经济作物秸秆。再往下分可到每一个具体的作物秸秆，如稻草、玉米秸秆、小麦秸秆、棉花秸秆、大豆秸秆等（详见图1-1）。园艺类作物秸秆主要指可用于饲料的部分草本的蔬菜、果树和花卉作物秸秆等，但不包括苹果、柑橘等木本作物修剪或其他操作产生的剩余物。一般在估测评价我国作物秸秆产量时，大多仅指大田农作物秸秆。

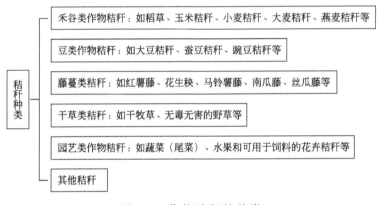

图1-1　作物秸秆的种类

　　饲料种类繁多，营养成分组成和含量各异。一般按饲料来源、形态、营养特性等进行分类。根据饲料的营养特性将饲料分为粗饲料、青绿饲料、青贮饲料、能量饲料、蛋白质补充料、矿物质饲料、维生素饲料和饲料添加剂八大类，并对每类饲料冠以 6 位数的国际饲料编码（IFN）。

　　秸秆属于粗饲料。根据国际饲料分类原则，粗饲料是指天然水分含量在 60% 以下，干物质中粗纤维含量不低于18%的饲料原料，此种饲料以风干物为饲喂形式，如干草类、农作物秸秆等，IFN 形式为 1-00-000。根据国际饲料分类原则，结合我国传统饲料分类习惯，将国际饲料分类属于粗饲料部分的分类编码整理如下（表1-1）。

## 表 1-1　中国饲料分类编码

| 饲料分类名 | 中国饲料编码（CFN）亚类序号 | IFN 与 CFN 结合后可能出现的饲料类别形式 |
|---|---|---|
| 青绿植物类 | 01 | 2-01 |
| 树叶类 | 02 | 1-02，2-02，5-02，4-02 |
| 青贮饲料类 | 03 | 3-03 |
| 块根、块茎、瓜果类 | 04 | 2-04，4-04 |
| 干草类 | 05 | 1-05，4-05，5-05 |
| 农副产品类 | 06 | 1-06，4-06，5-06 |
| 谷实类 | 07 | 4-07 |
| 糠麸类 | 08 | 4-08，1-08 |
| 豆类 | 09 | 5-09，4-09 |
| 饼粕类 | 10 | 5-10，4-10，1-10 |
| 糟渣类 | 11 | 1-11，4-11，5-11 |
| 草籽树实类 | 12 | 1-12，4-12，5-12 |
| 动物性饲料类 | 13 | 4-13，5-13，6-13 |
| 矿物质饲料类 | 14 | 6-14 |
| 维生素饲料类 | 15 | 7-15 |
| 饲料添加剂类 | 16 | 8-16 |
| 油脂类饲料及其他 | 17 | 4-17 |

# 第二节　秸秆产量与地域分布

## 一、秸秆产量

农作物秸秆是世界上最为丰富的饲料资源之一。由于每年的耕地面积、作物产业布局以及作物产量等不同，每年秸秆产出量有所不同。特别是研究者统计选取的秸秆作物对象不同，导致秸秆总量变化较大。据统计，全世界秸秆年产量约 29 亿吨，各种农作物秸秆产量所占比例约为：稻草 19%、玉米秸秆 35%、小麦秸秆 21%、大麦秸秆 10%、黑麦秸秆 2%、燕麦秸秆 3%、谷草 5%、高粱秸秆 5%。秸秆产量多的国家主要有：中国、美国、印度、巴西、阿根廷、印度尼西亚、法国和俄罗斯等。小麦秸秆以亚洲、欧洲和北美洲的产量最高，稻草以亚洲最多，大麦秸秆以欧洲最为丰富，玉米秸秆以北美洲最多。据调查统计测算，我国秸秆理论资源总量 2010 年为 8.4 亿吨，2021 年为 8.02 亿吨（详见表 1-2）。

表 1-2　我国秸秆资源量测算　　　　单位：亿吨

| 年份 | 理论资源量 | 可收集资源量 | 年份 | 理论资源量 | 可收集资源量 |
|------|-----------|-------------|------|-----------|-------------|
| 2010 | 8.40 | 7.00 | 2016 | 8.71 | 7.26 |
| 2011 | 8.48 | 7.07 | 2017 | 8.84 | 7.36 |
| 2012 | 8.54 | 7.12 | 2018 | 8.86 | 6.87 |
| 2013 | 8.61 | 7.17 | 2019 | 7.92 | 6.63 |
| 2014 | 8.65 | 7.21 | 2020 | 7.97 | 6.67 |
| 2015 | 8.70 | 7.25 | 2021 | 8.02 | 6.71 |

注：引自智研咨询。

　　根据对秸秆资源量的评估测算，稻草、麦类秸秆和玉米秸秆为三大作物秸秆，如将所有种类的秸秆统计在内，三大作物秸秆资源量占秸秆总资源量的 60% 左右。大多数的评估研究都是以大田农作物秸秆为对象，其中稻草、麦类秸秆和玉米秸秆三大作物秸秆资源量占秸秆资源总量的 75% 左右。

## 二、秸秆地域分布

　　我国地域辽阔，不同地区农业气候环境条件、种植制度和社会经济条件不同，农作物布局有明显的区域性特点，由于农作物秸秆产出量与粮食产出量密切相关，导致农作物秸秆也具有明显的区域特点。据报道，秸秆产出量前三位的区域为长江中下游、黄淮海和东北地区，分别占全国秸秆产出量的 24.8%、24.4% 和 13.5% 左右，稻草主要分布于长江中下游和东北地区，玉米秸秆主要分布于黄淮海地区和东北地区，小麦秸秆主要分布于黄淮海地区，棉花秸秆主要分布于长江流域、黄河流域棉区和新疆棉区。2016 年，我国 13 个粮食主产区农作物秸秆资源量 5.85 亿吨左右，其中稻草、小麦秸秆和玉米秸秆三种主要农作物秸秆资源量分别为 1.49 亿吨、1.11 亿吨和 2.35 亿吨（详见表 1-3）。农作物秸秆资源量处于前三位的是河南省、黑龙江省和山东省。

表 1-3　2016 年我国 13 个粮食主产区农作物秸秆来源结构

| 地区 | 合计/万吨 | 水稻 | | 小麦 | | 玉米 | |
|---|---|---|---|---|---|---|---|
| | | 数量/万吨 | 比例/% | 数量/万吨 | 比例/% | 数量/万吨 | 比例/% |
| 河北省 | 4341.90 | 53.08 | 1.22 | 1476.25 | 34.00 | 2402.49 | 55.33 |
| 内蒙古自治区 | 3583.72 | 61.26 | 1.71 | 175.00 | 4.88 | 2931.53 | 81.80 |
| 辽宁省 | 2679.14 | 470.05 | 17.54 | 2.27 | 0.08 | 2007.93 | 74.95 |
| 吉林省 | 4744.55 | 634.48 | 13.37 | 0.10 | 0.00 | 3881.21 | 81.80 |

| 地区 | 合计/万吨 | 水稻 | | 小麦 | | 玉米 | |
|---|---|---|---|---|---|---|---|
| | | 数量/万吨 | 比例/% | 数量/万吨 | 比例/% | 数量/万吨 | 比例/% |
| 黑龙江省 | 7371.96 | 2187.64 | 29.68 | 29.89 | 0.41 | 4284.54 | 58.12 |
| 江苏省 | 3838.90 | 1873.45 | 48.80 | 1153.14 | 30.04 | 320.46 | 8.35 |
| 安徽省 | 4199.44 | 1359.75 | 32.38 | 1427.48 | 33.99 | 632.94 | 15.07 |
| 江西省 | 2397.13 | 1952.22 | 81.44 | 2.68 | 0.11 | 17.81 | 0.74 |
| 山东省 | 6143.45 | 85.44 | 1.39 | 2414.93 | 39.31 | 2828.98 | 46.05 |
| 河南省 | 7718.28 | 525.89 | 6.81 | 3569.98 | 46.25 | 2391.91 | 30.99 |
| 湖北省 | 3505.37 | 1642.71 | 46.86 | 441.07 | 12.58 | 406.36 | 11.59 |
| 湖南省 | 3646.85 | 2524.23 | 69.22 | 6.08 | 0.17 | 258.52 | 7.09 |
| 四川省 | 4359.85 | 1511.45 | 34.67 | 425.80 | 9.77 | 1086.68 | 24.92 |
| 合计 | 58530.54 | 14881.65 | 25.43 | 11124.67 | 19.01 | 23451.36 | 40.07 |

注：引自于法稳等，2018。

## 第三节　秸秆营养成分与饲用价值

### 一、秸秆营养成分

农作物秸秆由大量的有机物和少量的无机物等组成，有机物的主要成分是纤维类的碳水化合物，还有少量的粗蛋白质和粗脂肪等。纤维类物质是植物细胞壁的主要成分，它包括纤维素、半纤维素和木质素等。在常规饲料养分分析中，纤维类物质用粗纤维表示；可溶性糖类用无氮浸出物表示，泛指不包括粗纤维的碳水化合物；秸秆中的无机盐用粗灰分来表示。各成分之间的关系如图 1-2 所示。

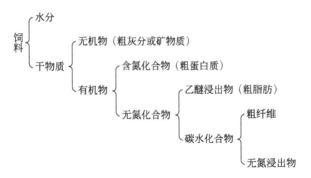

图 1-2　秸秆饲料概略养分构成示意图

反刍动物能较好地利用粗纤维中的纤维素和半纤维素，非反刍动物借助大肠微生物的发酵作用可利用部分纤维素和半纤维素。粗纤维中的木质素对动物没有营养价值，不能被家畜利用，反而由于它的存在影响其他营养物质的消化吸收，从而降低整个秸秆饲料的饲用价值；豆科秸秆的粗蛋白质含量一般为 5%～9%，禾本科秸秆一般为 3%～6%；秸秆中钙、磷元素含量低，且比例不适宜，不能满足家畜的需要；秸秆中缺乏家畜生长所必需的维生素；有机物的消化率一般不超过 60%。秸秆营养成分的含量与组成比例又常因不同的秸秆种类和生长阶段等变化而不同。

## 二、秸秆中纤维类物质组成

粗纤维是植物细胞壁的主要组成成分，包括纤维素、半纤维素、木质素及角质等成分。常规饲料分析方法测定的粗纤维含量偏低，同时又增加了无氮浸出物的计算误差。为了改进粗纤维分析方法，Van Soest 提出了中性洗涤纤维（NDF）、酸性洗涤纤维（ADF）、酸性洗涤木质素（ADL）作为评价饲草中纤维类物质的指标。同时，将饲料粗纤维中的半纤维素、纤维素和木质素分离（详见图 1-3）出来，能更好地评价饲料的营养价值。

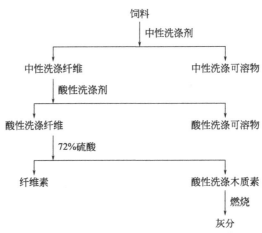

图 1-3　秸秆饲料纤维物质的构成示意图

　　秸秆的细胞可分为细胞内容物和细胞壁两部分。秸秆用中性洗涤剂消化后，细胞内容物溶于中性洗涤剂中，不溶于中性洗涤剂的物质统称为中性洗涤纤维。随后将中性洗涤纤维用酸性洗涤剂消化，能溶于酸的叫酸性洗涤可溶物，不溶的物质叫酸性洗涤纤维。能溶于酸的物质大部分是半纤维素和细胞壁含氮物质。不溶于酸的酸性洗涤纤维，又分为纯纤维素和酸性洗涤木质素，木质素经灼烧成灰分，灰分是由各种无机盐组成的。我国常见秸秆的纤维物质含量如表 1-4 所示。

表 1-4　几种秸秆纤维物质含量（干物质）　　　单位：%

| 名称 | 干物质 | NDF | ADF | 纤维素 | 半纤维素 | 木质素 | 硅酸盐 |
|---|---|---|---|---|---|---|---|
| 稻草 | 90.6 | 67.2 | 46.3 | 33.8 | 20.9 | 5.2 | 14.0 |
| 玉米秸秆 | 95.0 | 71.9 | 41.3 | 33.0 | 30.0 | 4.6 | 3.8 |
| 小麦秸秆 | 91.0 | 80.2 | 57.5 | 43.2 | 22.4 | 9.5 | 6.0 |
| 大麦秸秆 | 89.4 | 77.3 | 53.6 | 40.7 | 23.8 | 8.0 | — |
| 燕麦秸秆 | 89.2 | 82.3 | 57.1 | 44.0 | 25.2 | — | 3.7 |
| 高粱秸秆 | 93.5 | 81.4 | 49.4 | 42.2 | 31.6 | 7.6 | 3.0 |
| 花生秧 | 88.0 | 36.6 | 27.9 | 18.9 | 8.7 | 7.9 | — |

　　注：NDF 为中性洗涤纤维，ADF 为酸性洗涤纤维。

### 三、秸秆的营养特性

#### 1. 粗纤维含量高

秸秆中粗纤维含量高，纤维素、半纤维素和木质素紧密结合在一起，形成一道天然屏障，使纤维物质免遭微生物袭击和降解酶的分解，限制了消化酶对细胞壁及细胞内容物的消化功能。木质素的非水溶性和化学结构的复杂性，是秸秆难以降解的主要原因。据报道，水稻、小麦和玉米三大作物秸秆中的中性洗涤纤维含量分别为 $61.9\%\sim74.4\%$、$67.1\%\sim73.0\%$ 和 $60.4\%\sim71.9\%$；酸性洗涤纤维含量分别为 $40.2\%\sim53.0\%$、$53.0\%\sim56.2\%$ 和 $37.4\%\sim51.1\%$。中性洗涤纤维含量一般高于 $60\%$，酸性洗涤纤维含量一般高于 $40\%$。

#### 2. 蛋白质含量低

植物成熟阶段其营养大多已转移到籽实中，茎秆中有效营养成分含量低，尤其是蛋白质含量低。如豆科秸秆的粗蛋白含量一般为 $5\%\sim9\%$，禾本科秸秆粗蛋白含量一般为 $3\%\sim6\%$，低于反刍家畜饲料蛋白质含量的需求量。用未处理的秸秆饲喂单胃动物会出现氮的负平衡。秸秆营养价值低，直接饲喂家畜的效果差。如秸秆通过微生物发酵以及产生的多种消化酶作用下，可提高农作物秸秆的营养价值。

#### 3. 无机盐含量低

秸秆中对动物有营养作用的矿物质元素含量少，缺乏动物生长需要的必需微量元素，钙和磷的含量一般也低于牛羊的营养需要水平。而秸秆饲料特别是稻草中含有大量的硅酸盐，严重影响瘤胃中多糖类物质的降解作用。

#### 4. 可消化养分低

由于秸秆饲料中的营养限制因素，严重影响家畜对秸秆饲料营养物质的消化利用率。秸秆多处于植物成熟后阶段，成熟得越老，木质化程度越高，消化率越差。据报道，秸秆干物质消化率牛羊一般很少超过

50%，稻草干物质消化率 40%～50%、小麦秸秆干物质消化率 45%～50%、玉米秸秆干物质消化率 47%～51%。

## 四、影响秸秆饲用价值的因素

不同作物秸秆营养成分含量、消化利用率、适口性等有很大的差异性，这种差异性是由遗传和环境因素及其相互作用的结果。实践证明，不同作物品种、生长环境、生长阶段、形态部位、栽培制度、收割时期、加工储藏方法等各种因素都将影响秸秆的饲用价值。所以，在进行秸秆发酵饲料配方时，最好先对所用秸秆的养分含量进行分析测定。

### 1. 作物品种因素

作物品种繁多，不同品种间的作物秸秆其营养成分含量，特别是纤维物质含量差异较大。据报道：我国 10 个不同水稻品种秸秆的粗蛋白、中性洗涤纤维、木质素和干物质消化率的变化范围分别为 3.8%～5.9%、61.9%～74.4%、3.7%～6.7% 和 35.7%～55.4%，麦秸分别为 4.1%、73.0%、8.4% 和 47.3%，玉米秸分别为 7.1%、70.4%、4.9% 和 49.1%。

### 2. 不同形态部分因素

作物不同形态部分营养价值不同。如茎秆部分含有较多的纤维素，粗蛋白含量较少，而叶片则相反。叶鞘除了含半纤维素较多以外，其他各化学成分均处于叶片和茎秆之间。一般秸秆的营养价值是叶片高于鞘和茎秆。稻草其叶片和叶鞘占全植株的 75% 左右，故叶片和叶鞘的营养价值大小基本上决定着稻草营养价值的高低。

### 3. 收割时期因素

作物有最佳收割期。过早收割秸秆质量好，但产量低；过迟收割虽产量高，但木质化严重，影响品质。在作物成熟后正常收割期前收割营养价值较高，成熟后随着时间的推移营养价值越来越低，适时收割是获得高质量秸秆的关键技术措施之一。

#### 4. 环境因素

环境因素有许多，如土壤营养状况、水分含量、环境温度、光照长短与强弱，以及病虫害的发生率和危害程度等，都能影响作物秸秆的产量和营养成分。如土壤营养状况影响植物产量和成分含量；缺水对茎叶比影响大，使可溶性物质减少；高温缩短植物成熟期，影响秸秆的产量和质量；光照直接影响到植株光合产物的积累，病虫害直接影响作物的生长等。如苜蓿的调制方法不同，其成分含量差异明显（表1-5）。

表1-5　苜蓿不同调制方法的成分含量变化　　　单位:％

| 处理 | 实验室 | 野外调制 | 雨天野外调制 |
| --- | --- | --- | --- |
| 粗蛋白质 | 17.83 | 13.77 | 11.33 |
| 粗纤维 | 27.50 | 30.51 | 36.49 |

#### 5. 调制因素

调制因素影响秸秆的茎叶比，进而影响养分含量。秸秆干燥调制过程中机械造成的损失，豆科类损失20％的叶时，饲用价值下降约30％。由于细嫩部分的折断，常在豆科类秸秆中造成的损失为15％～35％，禾本科秸秆调制过程中的损失为2％～5％。在植物几乎完全干燥时进行调制，落叶量可达基重的47％。

#### 6. 管理因素

对于植物而言，管理因素是一种能人为控制干预的另一类环境因素。秸秆收获时间、留茬高度、收割方法、秸秆储存等有关的管理措施，对秸秆的营养成分也有很大的影响。收割太早或太晚影响秸秆的产量和养分含量，留茬高度影响秸秆茎叶比，良好的储藏条件下秸秆的营养成分损失少等。

### 五、主要秸秆饲用价值

饲料营养物质被动物采食后在消化道内经过一系列的消化、吸收与利用，沉积在动物体内或转化为畜产品，但营养物质并非100％被动物消化吸收、利用与转化。不同饲料营养成分含量与组成比例不同，满足动物需要的程度和动物利用效果不同（如表1-6所示），即饲用价值不同。

表1-6 秕壳饲料营养成分（风干）

| 类别 | 干物质/% | 粗蛋白质/% | 粗脂肪/% | 粗纤维/% | 无氮浸出物/% | 粗灰分/% | 牛消化能/（兆焦/千克） | 绵羊消化能/（兆焦/千克） | 钙/% | 磷/% |
|---|---|---|---|---|---|---|---|---|---|---|
| 稻壳 | 92.4 | 2.8 | 0.8 | 41.1 | 29.2 | 18.4 | 1.84 | 2.64 | 0.08 | 0.07 |
| 小麦壳 | 92.6 | 5.1 | 1.5 | 29.8 | 39.4 | 16.7 | 6.82 | 6.15 | 0.2 | 0.14 |
| 大麦壳 | 93.2 | 7.4 | 2.1 | 22.1 | 55.4 | 6.3 | 10.04 | 10.33 | — | — |
| 荞麦壳 | 87.8 | 3.0 | 0.8 | 42.6 | 39.9 | 1.4 | 2.68 | 2.55 | 0.26 | 0.02 |
| 高粱壳 | 88.3 | 3.8 | 0.5 | 31.4 | 37.6 | 15.0 | — | — | — | — |
| 花生壳 | 91.5 | 6.6 | 1.2 | 59.8 | 19.4 | 4.4 | 3.10 | 3.97 | 0.25 | 0.06 |
| 油菜壳 | 87.7 | 3.1 | 4.7 | 36.9 | 36.8 | 6.2 | — | — | — | — |
| 棉籽壳 | 90.9 | 4.0 | 1.4 | 40.9 | 34.9 | 2.6 | 8.7 | 7.24 | 0.13 | 0.06 |
| 玉米芯 | 89.8 | 2.8 | 0.7 | 31.1 | 53.7 | 1.6 | 8.28 | 8.28 | 0.11 | 0.04 |
| 玉米叶 | 88.6 | 3.3 | 0.8 | 29.3 | 52.0 | 3.2 | 8.87 | 9.67 | 0.16 | 0.13 |

注：引自王恬等，2018。

**1. 稻草**

我国水稻主产区主要分布于东北地区、长江流域、珠江流域等地。稻草是水稻收割脱粒后剩下的茎叶部分。稻草的饲用价值：

（1）稻草营养价值低，但数量多，是我国广大农区养牛的主要粗饲料源。过去大多直接用来喂牛，但直接用纯稻草饲喂效果不佳，应进行加工处理。目前主要的处理方法有粉碎搓揉、氨化、碱化和发酵处理等。

（2）一般稻草的营养价值是叶片高于鞘和茎秆。稻草其叶片和叶鞘占全植株的75％左右，故叶片和叶鞘的营养价值大小基本上决定着稻草饲用价值的高低。

（3）干物质中粗蛋白质含量2.5％～4.0％，粗脂肪1.0％～1.5％，粗纤维28.0％～35.0％，无氮浸出物38.2％左右，粗灰分11.5％～17.0％，钙、磷含量分别为0.29％～0.47％和0.07％～0.09％，硅酸盐含量高。

（4）稻草消化能为7.32兆焦/千克，产奶净能为3.39～4.43兆焦/千克，增重净能为0.21～0.5兆焦/千克。牛羊对稻草的消化率一般在50％左右。

### 2.玉米秸秆

玉米又名玉蜀黍、苞谷、苞米等，主要分布于东北、华北、西北、华东、西南等地。玉米的有效能值高，是最常用而且用量最多的一种能量饲料，故有"饲料之王"之称。玉米秸秆是采摘玉米后剩下的茎叶，是反刍家畜常用的饲用价值较高的粗饲料原料之一。玉米秸秆的饲用价值：

（1）新鲜全株玉米秸秆可制成青贮饲料，但大多数是将收获玉米籽实后的玉米秸秆切碎制成黄贮饲料用来饲喂牛羊。

（2）同一株玉米秸秆上部比下部的营养价值高，叶片较茎秆的营养价值高，且易消化，牛、羊喜食。玉米梢的营养价值又优于玉米芯，与玉米苞叶营养价值差不多。

（3）干物质中粗蛋白质含量6.0％～6.5％，粗脂肪1.5％左右，粗纤维25％～30％，钙、磷含量分别为0.40％～0.65％和0.15％～0.25％。

（4）反刍家畜对玉米秸秆粗纤维的消化率为 50%～65%，对无氮浸出物的消化率为 60%左右。

### 3. 小麦秸秆

麦类秸秆包括小麦秸秆、大麦秸秆、燕麦秸秆等，我国主要为小麦秸秆。按栽培制度，我国小麦产区分为春麦区、冬麦区。春麦区主要有东北、西北地区等；冬麦区包括黄淮海、长江中下游、西南、华南地区等。小麦秸秆的饲用价值：

（1）小麦秸秆粗纤维含量高，适口性差，营养价值低，是难以消化的质量较差的粗饲料，主要用来饲喂牛羊。

（2）从适口性、粗蛋白质含量和营养价值等综合看，大麦秸秆比小麦秸秆好，春播小麦秸秆比秋播小麦秸秆好，荞麦秸秆的适口性比其他麦类秸秆好。

（3）小麦秸秆粗蛋白质含量为 3.0%～5.0%，粗脂肪含量为 1.0%～1.5%，粗纤维含量为 35%～45%，钙、磷含量为 0.10%～0.3%和 0.02%～0.07%。

（4）在麦类秸秆中，以燕麦秸秆的营养价值最高，牛、羊、马对其消化能分别达 9.17 兆焦/千克、8.87 兆焦/千克和 11.38 兆焦/千克，而小麦秸秆消化能为 6.25 兆焦/千克。

### 4. 大豆秸秆

豆类秸秆有大豆秸秆、豌豆秸秆和蚕豆秸秆等，其中黄大豆种植最为广泛。大豆秸秆指收获大豆后地上部剩余的植株部分，辽宁、吉林、黑龙江三省大豆秸秆产生量约占全国大豆秸秆总量的 60%。大豆秸秆的饲用价值：

（1）由于豆科作物成熟后叶片大部分凋落，因此豆秸主要以茎秆为主，茎木质化程度高，质地坚硬，但粗蛋白质含量和消化率比禾本科秸秆高。

（2）叶片含量多的比叶片含量少的营养价值高，在收割时应尽量减少叶片的浪费。粉碎后饲喂反刍动物或作为配制饲料的基础日粮，对增重、提高饲料报酬和经济效益有良好的作用。在豆类秸秆中豌豆秸秆营养价值最高。

（3）大豆秸秆粗蛋白质含量 5％～10％，粗脂肪含量 1.0％～1.2％，粗纤维含量 48％～55％，钙含量 1.00％～1.35％，磷含量0.15％～0.22％。如科学合理加工利用可以节约牛羊精饲料。

（4）干大豆秸秆牛的消化能 6.82 兆焦/千克左右，绵羊 6.99 兆焦/千克左右。

### 5. 棉花秸秆

我国棉花种植主要分布于长江流域、黄河流域棉区和新疆棉区。棉花秸秆是采摘棉花后剩余的枝叶。棉花秸秆的饲用价值：

（1）棉花秸秆是一种木质化程度非常高的粗饲料，其饲用价值由高到低为：棉叶、侧枝、整株、主茎和棉桃壳。

（2）同一棉秆植株中主茎约占 40％、侧枝约占 33％、棉桃壳约占27％，棉叶由于容易过早脱落含量很少。

（3）棉叶的营养价值最高，粗蛋白质含量 11.85％，是整株的 2.1倍，但棉叶易过早落叶、不易收集等限制了棉叶的利用，进而降低了整株棉秆的利用价值。

### 6. 红薯藤

红薯又名白薯、甘薯、山芋、红苕、地瓜、番薯、蕃茨等，属块根类植物。红薯品种多，分布广，栽培面积和产量较多的省份主要有四川、山东、河南、安徽、江苏、广东等。红薯藤是收割地下部分块茎后地面上的红薯茎叶。红薯藤的饲用价值：

（1）在农村除利用新鲜红薯藤直接饲喂家畜外，还将红薯藤晒干作为冬季牛羊的饲料储备，或者将干红薯藤的茎叶粉碎后作为猪饲料。

（2）不同收储条件下的红薯地上部分的茎叶比有明显的差异，其质量取决于茎叶比，叶片多的比叶片少的营养价值高。新鲜红薯藤比干红薯藤的营养价值高，但含水量较高。

（3）红薯藤干物质中粗蛋白质含量 9.0%～12.0%，粗脂肪含量 1.5%～2.5%，粗纤维含量 30.0%左右，钙含量 1.0%～1.5%，磷含量 0.13%～0.2%。

### 7. 花生秧

花生又名落花生。花生秧是收获地下部花生后的副产品。花生秧的饲用价值：

（1）花生秧中的营养物质丰富，质地松软，不管是直接或青贮或晒干后喂牛羊等草食家畜均是营养价值较好的饲料。

（2）花生秧干物质中粗蛋白含量 11.5%～14.5%，粗脂肪含量 1.1%～1.2%，粗纤维含量 24.5%～32.5%，钙含量 2.5%～2.8%，磷含量 0.03%～0.05%。花生秧中的粗蛋白质含量是豌豆秸秆的 1.6 倍，是稻草的 6 倍。花生叶中的粗蛋白质含量高达 20%。

（3）畜禽采食 1 千克花生秧所产生的能量相当于采食 0.6 千克大麦所产生的能量。一般生产 300 千克的花生就可得到 300 千克的花生秧，而这 300 千克的花生秧所产生的能量与 180 千克大麦相同。

（4）在花生收获季节，应及时收割处理。雨天不宜收获，更不可将湿花生秧堆放在一起，否则会发热发黄或发霉变质。

### 8. 杂交狼尾草

杂交狼尾草为多年生草本植物。喜温耐热，主要分布于我国江苏、浙江、福建、广东、广西和海南等地。杂交狼尾草的饲用价值：

（1）杂交狼尾草是一种高产优质、茎叶柔软、适口性好，适合饲喂草食畜禽的优质饲料作物，除刈割青饲外，可晒制青干草粉碎供家畜利用。

（2）杂交狼尾草产量高，供草期较长，可多次刈割，在华南地区供草期可达 300 天以上，在长江中、下游地区每公顷鲜草产量 150 吨左右，在华南地区可达 200 吨以上。

（3）营养生长期株高 1.2 米时，茎叶干物质中粗蛋白 9.95％、粗脂肪 3.47％、粗纤维 32.90％、无氮浸出物 42.33％、粗灰分 10.22％。

### 9. 皇竹草

皇竹草又称粮竹草、王草、巨象草、甘蔗草，为多年生草本植物，属碳四植物，是一种新型高效经济作物。皇竹草的饲用价值：

（1）皇竹草喜温暖湿润气候，适宜热带与亚热带气候栽培。根系发达，植株高大，直立丛生，具有竞争力强、分叶能力强、再生能力强、产量高等特点，适时刈割适口性好，可青饲也可晒制青干草粉碎供家畜利用。

（2）皇竹草叶量较多，叶质柔软，脆嫩多汁，适口性和饲料利用率都比象草高，是草食动物的良好饲料。

（3）皇竹草营养成分含量高，干物质中粗蛋白 12.35％、粗脂肪 3.18％、粗纤维 29.43％、无氮浸出物 41.11％、粗灰分 9.91％、钙 0.53％、磷 0.24％。

### 10. 象草

象草为多年丛生大型草本植物。因其种植简便、管理粗放、利用期长、营养价值较高等特点，在我国南方大面积栽培。甜象草是近年引进的新品种。象草的饲用价值：

（1）象草适应性广、再生性强、产量高、柔软多汁、适口性好、利用率高，是一种热带、亚热带地区优良的饲用牧草。除四季给家畜提供青饲料外，也可调制成青贮或青干草。

（2）秆直立，高 2～4 米，在一般栽培条件下，每公顷年产鲜草 75～150 吨，在高水肥条件下可达 400 吨左右。每年可刈割 6～8 次，生长旺季每 25～30 天可刈割 1 次。利用年限 4～6 年，如合理利用可延长到 7～10 年。

（3）象草生长旺期蛋白质含量较高，后期生长缓慢，特别是进入冬季后茎叶老化干枯，蛋白质含量显著下降，粗纤维含量大幅度增加，饲用价值下降。

（4）甜象草茎叶干物质中粗蛋白质含量 10.58%、粗脂肪 1.97%、粗纤维 33.14%、无氮浸出物 44.7%、粗灰分 9.61%。在株高 130～150 厘米的拔节期，干物质中粗蛋白质含量为 13.36%，粗脂肪、粗纤维、无氮浸出物和灰分分别为 3.78%、30.85%、41.45% 和 10.57%。

## 11. 籽粒苋

籽粒苋喜温暖湿润气候，耐旱、耐盐碱、耐贫瘠、抗病力强、再生性好，属一年生快速生长的高产作物，在我国南北方均有种植，其中以华北、华南、华中地区为最多。籽粒苋的饲用价值：

（1）籽粒苋是一种产量高、生长快、再生力强、易种植的夏季重要饲料作物。籽粒苋播种后 40～50 天，当株高达 60～80 厘米现蕾前刈割，在水肥条件好的地方 30 天左右可再次刈割，一年收获 3～4 次，每公顷全年鲜草产量可达 100～150 吨。

（2）籽粒苋茎叶柔嫩多汁、营养丰富、清香可口、适口性好，为各种家畜所喜食。

（3）籽粒苋干草中粗蛋白质含量为 14.4%、粗脂肪含量为 0.76%、粗纤维含量为 18.7%、无氮浸出物含量为 33.8%、粗灰分含量为 20%。籽粒苋是鹅优良的青绿饲料。

## 12. 冬牧 70 黑麦

冬牧 70 黑麦为一年生或越年生草本植物。喜温耐寒、耐旱、耐瘠薄，在我国江苏、四川、云南、甘肃、山东等省已有大面积种植。冬牧 70 黑麦的饲用价值：

（1）冬牧 70 黑麦适应性强、生长快、产量高、茎叶柔软、适口性好、营养价值高，是牛、羊、兔、草鱼等草食性动物冬、春理想的冬性饲料作物品种之一。可利用十月份至翌年四月份耕地冬闲之季种植一季牧草。

（2）冬牧 70 黑麦再生力强。出苗后 35 天植株高 24～30 厘米开始割青，年刈割 4～6 次。亩产鲜草 7～8 吨。一般为现收切碎直接投喂，也可制作青贮饲料或晒制青干草。

（3）鲜草或青贮饲料日喂量奶牛 30～40 千克/头，肉牛 20～25 千克/头，羊 5～7 千克/只（与秸秆或青割玉米，或野生杂草混喂），兔 0.3～0.5 千克/只。冬牧 70 青干草与精饲料混合饲喂时占比 15%～20%。

（4）冬牧 70 黑麦蛋白质含量高，必需氨基酸丰富，还含有大量的胡萝卜素和多种维生素。拔节期粗蛋白质 15.08%，粗纤维 16.97%；抽穗期粗蛋白质 12.95%，粗纤维 30.36%。

### 13. 菊芋秸秆

菊芋又名洋姜，是一种多年生草本植物，高 1～3 米，有块状的地下茎及纤维状根，茎直立有分枝，并有白色短糙毛或刚毛。菊芋具有耐寒、耐旱、耐贫瘠、抗逆性强等特点。除大田种植外，也可利用房前屋后、沟渠路边等零星空隙地种植，目前已在我国大部分地区广泛种植。菊芋依块茎皮色可分为红皮和白皮两个品种。其地下块茎富含淀粉、菊糖等多聚物以及一些维生素和矿物质，另外还含有少量膳食纤维，可以食用，被联合国粮农组织称为"21 世纪人畜共用作物"。菊芋秸秆的饲用价值：

（1）菊芋秸秆可作为牛、羊、马等家畜的饲料。在菊芋的生长季节刈割地上的茎叶部分做饲料，但鲜饲适口性较差。

（2）在生产实践中菊芋秸秆主要是通过晾晒风干粉碎饲用，这种传统的利用方法降低了菊芋秸秆的营养价值和饲用效果。

（3）菊芋秸秆通过微生物发酵可以提高其适口性、利用率和营养价值。块茎含有丰富的淀粉，可以在秋季把菊芋粉碎后做干饲料。

（4）生育期 130 天，6 个品种菊芋秸秆干物质中营养成分平均含量分别为粗蛋白质 5.83%、粗脂肪 1.80%、粗纤维 26.39%、粗灰分 9.93%。

### 14. 饲料油菜

饲料油菜是近年培育的新油菜品种。种植一般油菜的主要目的是榨菜籽油，种植饲料油菜追求的是茎叶产量和饲用价值。饲料油菜的饲用价值：

（1）北方地区 7 月下旬收获小麦及早熟作物后，利用短期的土地空闲期复种一季收获青饲料为目的的优质双低（低芥酸、低硫苷）饲料油菜，既不影响粮食生产，又能充分利用 8、9、10 三个月充足的温、光、热、土、水资源。复种饲料油菜亩产青饲料 3 吨左右，又可使土地增加 2～3 个月的绿色覆盖期，减少水土流失。西北、东北麦后复种饲料油菜的面积有 2000 万～3000 万亩。

（2）长江流域冬季气温、光照、水资源丰富，是我国重要的油菜产区。在南方收割晚稻后到第二年种植早稻前的几个月有 1 亿亩左右的冬闲地，充分利用冬闲期温、光、热、土、水资源种植饲料油菜，可解决冬季青饲料的供应问题。如果管理得当，长江流域种植饲用油菜可收获二次。

（3）饲料油菜具有生长快、地上部分生物量大、植株的蛋白质含量高、适口性好等特点，是牛、羊、猪、兔、鹅等家畜的优质饲料。据测定，风干物中粗蛋白质含量 17.2%、粗脂肪 2.4%、粗纤维 27.8%、无氮浸出物 29.9%、粗灰分 12.2%。据试验，奶牛日喂青饲料油菜 8～10千克，每日多产 1.5～2 千克的鲜奶。据估计，一亩饲料油菜可供 5～6头羊 100 天饲料需要量。

（4）饲料油菜含水量 80% 左右，如青贮需加配干秸秆粉等，将含水量降到 55%～60%。与玉米（小麦）秸秆混合后进行发酵处理，可提高养分含量、适口性、消化率和利用率。

我国可饲用资源还有很多，本书未能列举的可以参照同科同属相邻相似作物（或品种）的营养成分数据进行开发和应用（见表 1-7）。

表1-7 牛、羊常用粗饲料（青绿、青贮及粗饲料）的典型养分（干基）

| 序号 | 饲料原料 | DM/% | NEm 兆焦/千克 | NEm 兆卡/千克 | NEg 兆焦/千克 | NEg 兆卡/千克 | NEl 兆焦/千克 | NEl 兆卡/千克 | CP/% | UIP/%CP | CF/% | ADF/% | NDF/% | eNDF/%NDF | EE/% | ASH/% | Ca/% | P/% | K/% | Cl/% | S/% | Zn/(毫克/千克) |
|---|---|---|---|---|---|---|---|---|---|---|---|---|---|---|---|---|---|---|---|---|---|---|
| 1 | 全棉籽 | 91 | 8.83 | 2.11 | 6.02 | 1.44 | 8.16 | 1.95 | 23 | 38 | 29 | 39 | 47 | 100 | 17.8 | 4 | 0.14 | 0.64 | 1.1 | 0.06 | 0.24 | 34 |
| 2 | 棉籽壳 | 90 | 4.14 | 0.99 | 0.29 | 0.07 | 4.06 | 0.97 | 5 | 45 | 48 | 68 | 87 | 100 | 1.9 | 3 | 0.15 | 0.08 | 1.1 | 0.02 | 0.05 | 10 |
| 3 | 大豆秸秆 | 88 | 3.97 | 0.95 | 0.00 | 0.00 | 3.68 | 0.88 | 5 | — | 44 | 54 | 70 | 100 | 1.4 | 6 | 1.59 | 0.06 | 0.6 | — | 0.26 | — |
| 4 | 大豆壳 | 90 | 7.57 | 1.81 | 4.81 | 1.15 | 7.28 | 1.74 | 13 | 28 | 38 | 46 | 62 | 28 | 2.6 | 5 | 0.55 | 0.17 | 1.4 | 0.02 | 0.12 | 38 |
| 5 | 向日葵壳 | 90 | 3.89 | 0.93 | 0.00 | 0.00 | 3.51 | 0.84 | 4 | 65 | 52 | 63 | 73 | 90 | 2.2 | 3 | 0.00 | 0.11 | 0.2 | — | 0.19 | 200 |
| 6 | 花生壳 | 91 | 3.31 | 0.79 | 0.00 | 0.00 | 1.67 | 0.4 | 7 | — | 63 | 65 | 74 | 98 | 1.5 | 5 | 0.20 | 0.07 | 0.9 | — | — | — |
| 7 | 苜蓿块 | 91 | 5.27 | 1.26 | 2.30 | 0.55 | 5.27 | 1.26 | 18 | 30 | 29 | 36 | 46 | 40 | 2 | 11 | 1.30 | 0.23 | 1.9 | 0.37 | 0.33 | 20 |
| 8 | 鲜苜蓿 | 24 | 5.73 | 1.37 | 2.85 | 0.68 | 5.61 | 1.34 | 19 | 18 | 27 | 34 | 46 | 41 | 3 | 9 | 1.35 | 0.27 | 2.6 | 0.40 | 0.29 | 18 |
| 9 | 苜蓿干草，初花期 | 90 | 5.44 | 1.30 | 2.59 | 0.62 | 5.44 | 1.3 | 19 | 20 | 28 | 35 | 45 | 92 | 2.5 | 8 | 1.41 | 0.26 | 2.5 | 0.38 | 0.28 | 22 |
| 10 | 苜蓿干草，中花期 | 89 | 5.36 | 1.28 | 2.38 | 0.57 | 5.36 | 1.28 | 17 | 23 | 30 | 36 | 47 | 92 | 2.3 | 9 | 1.40 | 0.24 | 2.0 | 0.38 | 0.27 | 24 |
| 11 | 苜蓿干草，盛花期 | 88 | 4.98 | 1.19 | 1.84 | 0.44 | 4.98 | 1.19 | 16 | 25 | 34 | 40 | 52 | 92 | 2 | 8 | 1.20 | 0.23 | 1.7 | 0.37 | 0.25 | 23 |
| 12 | 苜蓿干草，成熟期 | 88 | 4.60 | 1.10 | 1.09 | 0.26 | 4.52 | 1.08 | 13 | 30 | 38 | 45 | 59 | 92 | 1.3 | 8 | 1.18 | 0.19 | 1.5 | 0.35 | 0.21 | 23 |

续表

| 序号 | 饲料原料 | DM /% | NEm /兆焦/千克 | NEm /兆卡/千克 | NEg /兆焦/千克 | NEg /兆卡/千克 | NEl /兆焦/千克 | NEl /兆卡/千克 | CP /% | UIP /%CP | CF /% | ADF /% | NDF /% | eNDF /%NDF | EE /% | ASH /% | Ca /% | P /% | K /% | Cl /% | S /% | Zn /(毫克/千克) |
|---|---|---|---|---|---|---|---|---|---|---|---|---|---|---|---|---|---|---|---|---|---|---|
| 13 | 苜蓿青贮 | 30 | 5.06 | 1.21 | 1.92 | 0.46 | 5.06 | 1.21 | 18 | 19 | 28 | 37 | 49 | 82 | 3 | 9 | 1.40 | 0.29 | 2.6 | 0.41 | 0.29 | 26 |
| 14 | 苜蓿叶粉 | 89 | 6.53 | 1.56 | 3.97 | 0.95 | 6.44 | 1.54 | 28 | 15 | 15 | 25 | 34 | 35 | 2.7 | 15 | 2.88 | 0.34 | 2.2 | — | 0.32 | 39 |
| 15 | 苜蓿茎 | 89 | 4.35 | 1.04 | 0.63 | 0.15 | 4.23 | 1.01 | 11 | 44 | 44 | 51 | 68 | 100 | 1.3 | 6 | 0.90 | 0.18 | 2.5 | — | — | — |
| 16 | 带穗玉米秸秆 | 80 | 6.07 | 1.45 | 3.39 | 0.81 | 6.07 | 1.45 | 9 | 45 | 25 | 29 | 48 | 100 | 2.4 | 7 | 0.50 | 0.25 | 0.9 | 0.20 | 0.14 | — |
| 17 | 玉米秸秆,成熟期 | 80 | 5.15 | 1.23 | 2.13 | 0.51 | 5.15 | 1.23 | 5 | 30 | 35 | 44 | 70 | 100 | 1.3 | 7 | 0.35 | 0.19 | 1.1 | 0.30 | 0.14 | 22 |
| 18 | 玉米青贮,乳化期 | 26 | 6.07 | 1.45 | 3.39 | 0.81 | 6.07 | 1.45 | 8 | 18 | 26 | 32 | 54 | 60 | 2.8 | 6 | 0.40 | 0.27 | 1.6 | — | 0.11 | 20 |
| 19 | 玉米青贮,成熟期 | 34 | 6.90 | 1.65 | 4.35 | 1.04 | 6.82 | 1.63 | 8 | 28 | 21 | 27 | 46 | 70 | 3.1 | 5 | 0.28 | 0.23 | 1.1 | 0.20 | 0.12 | 22 |
| 20 | 甜玉米青贮 | 24 | 6.07 | 1.45 | 3.39 | 0.81 | 6.07 | 1.45 | 11 | — | 20 | 32 | 57 | 60 | 5.0 | 5 | 0.24 | 0.26 | 1.2 | 0.17 | 0.16 | 39 |
| 21 | 玉米和玉米芯粉 | 87 | 8.20 | 1.96 | 5.44 | 1.30 | 7.82 | 1.87 | 9 | 52 | 9 | 10 | 26 | 56 | 3.7 | 2 | 0.06 | 0.28 | 0.5 | 0.05 | 0.13 | 16 |
| 22 | 玉米芯 | 90 | 4.44 | 1.06 | 0.84 | 0.20 | 4.35 | 1.04 | 3 | 70 | 36 | 39 | 88 | 56 | 0.5 | 2 | 0.12 | 0.04 | 0.8 | — | 0.40 | 5 |

续表

| 序号 | 饲料原料 | DM/% | NEm /(兆焦/千克) | NEm /(兆卡/千克) | NEg /(兆焦/千克) | NEg /(兆卡/千克) | NEl /(兆焦/千克) | NEl /(兆卡/千克) | CP/% | UIP/%CP | CF/% | ADF/% | NDF/% | eNDF/%NDF | EE/% | ASH/% | Ca/% | P/% | K/% | Cl/% | S/% | Zn/(毫克/千克) |
|---|---|---|---|---|---|---|---|---|---|---|---|---|---|---|---|---|---|---|---|---|---|---|
| 23 | 大麦干草 | 90 | 5.27 | 1.26 | 2.30 | 0.55 | 5.27 | 1.26 | 9 | — | 28 | 37 | 65 | 98 | 2.1 | 8 | 0.30 | 0.28 | 1.6 | — | 0.19 | 25 |
| 24 | 大麦青贮,成熟期 | 35 | 5.36 | 1.28 | 2.38 | 0.57 | 5.36 | 1.28 | 12 | 25 | 30 | 34 | 50 | 61 | 3.5 | 9 | 0.30 | 0.20 | 1.5 | — | 0.15 | 25 |
| 25 | 大麦秸秆 | 90 | 4.06 | 0.97 | 0.00 | 0.00 | 3.89 | 0.93 | 4 | 70 | 42 | 52 | 78 | 100 | 1.9 | 7 | 0.33 | 0.08 | 2.1 | 0.67 | 0.16 | 7 |
| 26 | 小麦干草 | 90 | 5.27 | 1.26 | 2.30 | 0.55 | 5.27 | 1.26 | 9 | 25 | 29 | 38 | 66 | 98 | 2.0 | 8 | 0.21 | 0.22 | 1.4 | 0.50 | 0.19 | 23 |
| 27 | 小麦青贮 | 33 | 5.44 | 1.30 | 2.59 | 0.62 | 5.44 | 1.30 | 12 | 21 | 28 | 37 | 62 | 61 | 3.2 | 8 | 0.40 | 0.28 | 2.1 | 0.50 | 0.21 | 27 |
| 28 | 小麦秸秆 | 91 | 3.97 | 0.95 | 0.00 | 0.00 | 3.68 | 0.88 | 3 | 60 | 43 | 58 | 81 | 98 | 1.8 | 8 | 0.16 | 0.05 | 1.3 | 0.32 | 0.17 | 6 |
| 29 | 氨化麦秸 | 85 | 4.60 | 1.10 | 1.09 | 0.26 | 4.52 | 1.08 | 9 | 25 | 40 | 55 | 76 | 98 | 1.5 | 9 | 0.15 | 0.05 | 1.3 | 0.30 | 0.16 | 6 |
| 30 | 黑麦干草 | 90 | 5.36 | 1.28 | 2.38 | 0.57 | 5.36 | 1.28 | 10 | 30 | 33 | 38 | 65 | 98 | 3.3 | 8 | 0.45 | 0.30 | 2.2 | — | 0.18 | 27 |
| 31 | 黑麦草青贮 | 32 | 5.44 | 1.30 | 2.59 | 0.62 | 5.44 | 1.30 | 14 | 25 | 22 | 37 | 59 | 61 | 3.3 | 8 | 0.43 | 0.38 | 2.9 | 0.73 | 0.23 | 29 |
| 32 | 黑麦秸秆 | 89 | 4.06 | 0.97 | 0.08 | 0.02 | 3.97 | 0.95 | 4 | — | 44 | 55 | 71 | 100 | 1.5 | 6 | 0.24 | 0.09 | 1.0 | 0.24 | 0.11 | — |
| 33 | 燕麦干草 | 90 | 4.98 | 1.19 | 1.84 | 0.44 | 4.98 | 1.19 | 10 | 25 | 31 | 39 | 63 | 98 | 2.3 | 8 | 0.40 | 0.27 | 1.6 | 0.42 | 0.21 | 28 |
| 34 | 燕麦青贮 | 35 | 5.52 | 1.32 | 2.76 | 0.66 | 5.52 | 1.32 | 12 | 21 | 31 | 39 | 59 | 61 | 3.2 | 10 | 0.34 | 0.30 | 2.4 | 0.50 | 0.25 | 27 |
| 35 | 燕麦秸秆 | 91 | 4.44 | 1.06 | 0.84 | 0.20 | 4.35 | 1.04 | 4 | 40 | 41 | 48 | 73 | 98 | 2.3 | 8 | 0.24 | 0.07 | 2.4 | 0.78 | 0.22 | 6 |

续表

| 序号 | 饲料原料 | DM/% | NEm 兆焦/千克 | NEm 兆卡/千克 | NEg 兆焦/千克 | NEg 兆卡/千克 | NEl 兆焦/千克 | NEl 兆卡/千克 | CP/% | UIP/%CP | CF/% | ADF/% | NDF/% | eNDF/%NDF | EE/% | ASH/% | Ca/% | P/% | K/% | Cl/% | S/% | Zn(毫克/千克) |
|---|---|---|---|---|---|---|---|---|---|---|---|---|---|---|---|---|---|---|---|---|---|---|
| 36 | 燕麦壳 | 93 | 3.89 | 0.93 | 0.00 | 0.00 | 3.51 | 0.84 | 4 | 25 | 32 | 40 | 75 | 90 | 1.5 | 7 | 0.16 | 0.15 | 0.6 | 0.08 | 0.14 | 31 |
| 37 | 高粱干草 | 87 | 5.06 | 1.21 | 1.92 | 0.46 | 5.06 | 1.21 | 5 | — | 33 | 41 | 65 | 100 | 1.9 | 10 | 0.49 | 0.12 | 1.2 | — | — | — |
| 38 | 高粱青贮 | 32 | 5.44 | 1.30 | 2.59 | 0.62 | 5.44 | 1.30 | 9 | 25 | 27 | 38 | 59 | 70 | 2.7 | 6 | 0.48 | 0.21 | 1.7 | 0.45 | 0.11 | 30 |
| 39 | 干甜菜渣 | 91 | 7.28 | 1.74 | 4.60 | 1.10 | 7.11 | 1.70 | 11 | 44 | 21 | 21 | 41 | 33 | 0.7 | 6 | 0.65 | 0.08 | 1.4 | 0.40 | 0.22 | 22 |
| 40 | 胡萝卜碎渣 | 14 | 5.82 | 1.39 | 3.05 | 0.73 | 5.82 | 1.39 | 6 | — | 19 | 23 | 40 | 0 | 7.8 | 9 | — | — | — | — | — | — |
| 41 | 鲜胡萝卜 | 12 | 8.28 | 1.98 | 5.52 | 1.32 | 7.91 | 1.89 | 10 | — | 9 | 11 | 20 | 0 | 1.4 | 10 | 0.60 | 0.30 | 2.4 | 0.5 | 0.17 | — |
| 42 | 胡萝卜缨/叶 | 16 | 7.11 | 1.70 | 4.44 | 1.06 | 6.90 | 1.65 | 13 | — | 18 | 23 | 45 | 41 | 3.8 | 15 | 1.94 | 0.19 | 1.9 | — | — | — |
| 43 | 牧草青贮 | 30 | 5.73 | 1.37 | 2.85 | 0.68 | 5.61 | 1.34 | 11 | 24 | 32 | 39 | 60 | 61 | 3.4 | 8 | 0.70 | 0.24 | 2.1 | — | 0.22 | 29 |
| 44 | 草地干草 | 90 | 4.60 | 1.10 | 1.09 | 0.26 | 4.52 | 1.08 | 7 | 23 | 33 | 44 | 70 | 98 | 2.5 | 9 | 0.61 | 0.18 | 1.6 | — | 0.17 | 24 |
| 45 | 羊草 | 91 | 4.60 | 1.10 | 1.09 | 0.26 | 4.52 | 1.08 | 7 | 37 | 34 | 47 | 67 | 98 | 2.0 | 8 | 0.40 | 0.15 | 1.1 | 0.06 | 0.06 | 34 |
| 46 | 稻草 | 91 | 3.89 | 0.93 | 0.00 | 0.00 | 3.51 | 0.84 | 4 | — | 40 | 55 | 72 | 100 | 1.4 | 12 | 0.25 | 0.08 | 1.1 | — | 0.11 | — |
| 47 | 氨化稻草 | 87 | 4.14 | 0.99 | 0.29 | 0.07 | 4.06 | 0.97 | 9 | — | 39 | 53 | 68 | 100 | 1.3 | 12 | 0.25 | 0.08 | 1.1 | — | 0.11 | — |
| 48 | 甘蔗渣 | 91 | 3.60 | 0.86 | 0.00 | 0.00 | 3.14 | 0.75 | 1 | — | 49 | 59 | 86 | 100 | 0.7 | 3 | 0.90 | 0.29 | 0.5 | — | 0.10 | — |

续表

| 序号 | 饲料原料 | DM /% | NEm /(兆焦/千克) | NEm /(兆卡/千克) | NEg /(兆焦/千克) | NEg /(兆卡/千克) | NEl /(兆焦/千克) | NEl /(兆卡/千克) | CP /% | UIP /%CP | CF /% | ADF /% | NDF /% | eNDF /%NDF | EE /% | ASH /% | Ca /% | P /% | K /% | Cl /% | S /% | Zn /(毫克/千克) |
|---|---|---|---|---|---|---|---|---|---|---|---|---|---|---|---|---|---|---|---|---|---|---|
| 49 | 菊芋茎秆（产地：廊坊） | 96 | 4.31 | 1.03 | 2.10 | 0.50 | 6.13 | 1.46 | 7 | — | 51 | 48 | 58 | 100 | 0.94 | 10 | 0.64 | 0.16 | — | — | — | — |
| 50 | 菊芋叶粉（产地：廊坊） | 92 | 6.67 | 1.59 | 1.83 | 0.44 | 5.62 | 1.34 | 19 | — | 23 | 22 | 45 | 0 | 3.64 | 17 | 0.76 | 0.25 | — | — | — | — |
| 51 | 菊芋全株（产地：廊坊） | 95 | 5.98 | 1.43 | 2.05 | 0.49 | 5.59 | 1.33 | 10 | — | 31 | 40 | 53 | 63 | 2.1 | 12 | 0.98 | 0.45 | — | — | — | — |

注：1. DM 为原样干物质含量；TDN 为总可消化养分；$NE_m$ 为维持净能；$NE_g$ 为增重净能；$NE_l$ 为泌乳净能；CP 为粗蛋白质；UIP 为粗蛋白质中的过瘤胃蛋白质比例；CF 为粗纤维；ADF 为酸性洗涤纤维；NDF 为中性洗涤纤维；eNDF 为有效 NDF；EE 为粗脂肪；ASH 为粗灰分；NFE 为无氮浸出物（DM-CP-CF-EE-ASH）；Ca 为钙；P 为磷；K 为钾；Cl 为氯；S 为硫；Zn 为锌。表中数据除 DM 外，其他均以干物质为基础的含量。

2. 有关通过化学成分预测预测饲料能值（$NE_m$、$NE_g$、$NE_l$）的计算公式：①%TDN$=1.15\times CP\%+1.75\times EE\%+0.45\times CF\%+0.0085\times NDF\%^2+0.25\times NFE\%+0.002\times NFE\%^2$；②$NE_l$（兆焦/千克）$=0.1025\times TDN\%-0.502$；③DE（兆焦/千克）$=0.209\times CP\%+0.322\times EE\%+0.084\times CF\%+0.002\times NFE\%^2+0.046\times NFE\%-0.627$；④$NE_m$（兆焦/千克）$=0.655\times DE$（兆焦/千克）$-0.351$；⑤$NE_g$（兆焦/千克）$=0.815\times DE$（兆焦/千克）$-0.0497\times DE^2$（兆焦/千克）$-1.187$。

3. 资料来源：《中国饲料成分及营养价值表》（2021 年第 32 版）。

## 第四节  秸秆饲料化应用现状

农作物秸秆是重要的生物资源。国家高度重视农作物秸秆开发利用问题，并采取了一系列技术、经济政策等措施，一方面严禁农作物秸秆的焚烧，另一方面大力推动其资源化利用。农作物秸秆的利用方式一般可分为饲料化利用方式和非饲料化利用方式，其中饲料化利用方式又可分为直接利用和间接利用两种方式，而非饲料化利用方式又可分为蘑菇基料、燃料、造纸料、建筑材料、编制料、农业覆盖材料等方式。2014年国家发展和改革委员会和农业部编制的《秸秆综合利用技术目录》中提出了秸秆资源肥料化、燃料化、原料化、饲料化和基料化"五化"利用途径。2018 年生态环境部和农业农村部联合印发的《农业农村污染治理攻坚战行动计划》中提出了加强秸秆资源化利用，到 2020 年全国秸秆综合利用率达到 85% 以上，力争到 2030 年全国建立完善的秸秆收储体系，形成布局合理、多元利用的秸秆综合利用产业化格局，基本实现秸秆的全量利用。

自 20 世纪 50 年代以来，我国开始应用青贮、氨化和碱化处理技术，将农作物秸秆加工成牛、羊等家畜的饲料，提高了秸秆的利用率。尤其是改革开放以来，这项工作越来越受到各级政府的重视，在广大农村得到了较好的推广和应用。目前秸秆处理方法主要包括物理方法、化学方法和生物方法，这三种处理方法的优缺点详见表 1-8。

物理处理方法是通过将秸秆切短、粉碎或蒸煮盐化或膨化等方法来提高秸秆的适口性，增加采食量等。物理方法只是对秸秆的外形及结构进行改变，不能改变秸秆的营养组成，而且设备能耗高。

化学处理方法是采用氨化和碱化处理等，可以部分改变秸秆的营养成分组成，提高秸秆的消化利用率，但存在成本高、易污染环境等问题。

表 1-8　秸秆饲料加工调制方法

| 项目 | 调制方法 | 优点 | 缺点 |
|---|---|---|---|
| 物理法 | 切短、粉碎、搓揉、浸泡、蒸煮、膨化、裂解、打浆、压块、制粒等 | 简单易行、方便采食、提高适口性和采食量、易于推广应用、便于运输等 | 机械化程度高、有的处理耗能高、效果不明显等 |
| 化学法 | 碱化、氨化、酸化、氧化、碱酸或氨碱复合处理等 | 降低粗纤维物质含量、提高适口性和采食量、提高消化率和营养价值等 | 易造成化学物质过量、成本高、易污染环境等 |
| 生物法 | 青贮、黄贮、微贮、酶处理、菌处理、菌酶复合处理等 | 降低粗纤维含量、提高蛋白质含量、提高适口性和消化率、操作简单、成本低、效果明显、绿色、环保、安全等 | 生物制剂的优化筛选困难、制作条件严格控制等 |

生物处理方法与其他处理方法相比，是一种安全、环境友好、能耗低的秸秆处理方法。近年来，除大力推广青贮等技术外，研究主要集中在秸秆微生物发酵处理上。发酵饲料是在人为可控制的情况下，以植物性农副产品为主要原料，通过微生物的发酵代谢作用，形成适口性好、营养丰富、活菌数高、利用率高的发酵饲料或者饲料原料，是当前最具应用潜力和发展前景的秸秆饲料化生产技术。

当前秸秆饲料加工处理技术主要有以下几种。

# 一、秸秆压块（颗粒）加工技术

秸秆压块（颗粒）饲料是指将各种农作物秸秆经机械铡切或粉碎之后，根据饲料配方，与其他农副产品及饲料添加剂混合搭配，经过高温高压轧制而成的高密度块（颗粒）饲料。在秸秆饲料加工过程中可将维生素、微量元素、非蛋白氮、添加剂等成分强化进饲料中，使饲料达到各种营养元素的平衡。该方法能大大减少贮藏空间，便于运输。

## 二、秸秆搓揉丝化加工技术

秸秆经过粉碎后，有利于提高家畜采食量。但秸秆粉碎之后，缩短了在家畜瘤胃内的停留时间，可能会引起纤维物质消化率降低和反刍现象减少，对家畜的生理功能有一定的影响。秸秆搓揉丝化加工不仅具备秸秆切碎处理的所有优点，而且由于秸秆丝较长，能够延长其在瘤胃内的停留时间，有利于家畜的消化吸收，从而达到提高秸秆采食率和转化率的双重功效。

## 三、秸秆碱化/氨化技术

秸秆碱化（氨化）可以使秸秆中部分纤维素、半纤维素与木质素分离，并引起细胞壁膨胀，结构变得疏松，使反刍家畜瘤胃中的瘤胃液易于渗入，从而提高秸秆的消化率。秸秆饲料碱化处理通常是指用氢氧化钠、氢氧化钙等碱性物质进行处理的技术，而用氨水和尿素等处理技术则列入氨化处理秸秆饲料技术的范围。

一般多采用氨化处理技术。秸秆氨化是利用反刍动物瘤胃微生物的营养源非蛋白氮化合物，与有关元素一起合成菌体蛋白质被动物吸收，从而提高秸秆的营养价值。其方法是将秸秆切成 2～3 厘米长的小段（堆垛法除外），使用液氨、尿素、碳酸氢铵中的任何一种氮化合物为氮源，添加占风干秸秆饲料重 2％～3％ 的氨，使秸秆的含水量达到 20％～30％，装入氨化容器进行。外界温度为 0～10℃ 时处理 28～56 天，外界温度为 10～20℃ 时处理 14～28 天，外界温度为 20～30℃ 时处理 7～14 天，30℃ 以上时处理 5～7 天，通过氨化使秸秆饲料变软变香。

## 四、秸秆青（黄）贮技术

秸秆青贮是将全株新鲜秸秆切碎，在密闭厌氧条件下，通过微生物厌氧发酵作用，制成的一种适口性好、消化率高和营养丰富的饲料，是及时收割加工新鲜秸秆以保证常年均衡供应家畜饲料的有效措施。秸秆黄贮是相对于青贮而言的一种秸秆饲料发酵贮存方法，是利用采摘玉米籽实后的玉米秸秆做原料，通过添加适量水和生物菌剂以及辅料，在密闭厌氧条件下，通过微生物厌氧发酵作用，制成的一种适口性好、消化率高和营养丰富的饲料。用黄贮方法可将秋收后尚保持部分青绿的秸秆较长期保存下来，能很好地保存其养分。青贮饲料的营养价值高于黄贮饲料的营养价值，其不足之处就是季节性强。

**1. 青贮饲料的特点**

（1）能保存青绿饲料的营养特性。

（2）可调剂饲草供应的季节性平衡。

（3）适口性好，可提高采食量。

（4）单位容积内贮存量大。

（5）调制和使用方便。

**2. 制作青贮料的关键技术**

（1）为乳酸菌的生长繁殖创造厌氧环境。

（2）原料中的含水量控制在 $60\%\sim70\%$，不同原料青贮其适宜水分含量稍有不同。

（3）原料要含有一定量的糖分，一般要求原料含糖量不低于 $2\%$。

（4）在调制过程中，原料装窖时要踩紧压实，尽量排除窖内的空气。

（5）青贮过程要快，要求做到：快收、快运、快切、快装、快封等。

（6）青贮容器要密封，不能漏水、漏气，注意后期维护工作。

**五、秸秆发酵处理技术**

该方法是一种与青贮不同的生物处理方法。是在人为可控的条件下，通过添加微生物菌剂进行发酵处理，利用微生物及其产生的消化酶降解秸秆中的纤维素和半纤维素等物质，生产适口性好、营养丰富、活菌含量高的秸秆发酵饲料。该技术是现今具应用潜力和发展前景的秸秆饲料化生产技术。

总之，当今几种秸秆饲料加工处理技术，对提高秸秆饲料化利用率都有一定的应用价值，但是都存在着明显不足。如首先是加工设备落后也不配套，使得秸秆饲料产品质地粗、品相差；二是没有进行科学配方而秸秆饲料产品营养不全面；三是生物功能不齐全，一般只有发酵菌种而没有动物有益功能菌群配套；四是没有合适的可以移动的包装，秸秆饲料只能是养殖场自配自用，产品无法形成可扩散流通的商品。这样使得秸秆饲料的推广应用进程缓慢，致使农村的秸秆污染问题和牲畜冬季缺少饲料的问题始终难以解决。

# 第二章
# 微生物发酵饲料

随着新修订的《中华人民共和国环境保护法》《中华人民共和国食品安全法》以及养殖行业相关的国家法规和政策的出台，养殖业面临新的挑战。一方面，政府对养殖行业环保监管力度加大；另一方面，资源节约型养殖、适度规模化家庭农场和生态循环健康养殖等模式的发展得到重视和鼓励。同时，随着人们生活水平的提高，人们对安全、优质的畜产品需求增加；政府加大抗生素禁用的步伐，无抗饲料和无抗养殖成为畜牧业发展的趋势；而为了降低养殖污染乃至实现养殖污染零排放，生态循环养殖模式的发展、微生物发酵饲料的作用显得越来越重要。

## 第一节　生物饲料

### 一、生物饲料概念

生物饲料的概念是近十几年提出的。2013年11月，生物饲料开发国家工程研究中心技术专家委员会上明确了生物饲料的定义，即生物饲料是通过基因工程、蛋白质工程、发酵工程和生物提取等手段开发的安全高效、环境友好、无残留的优质饲料和饲料添加剂产品的总称。2018

年1月，北京生物饲料产业技术创新战略联盟发布了《生物饲料产品分类》团体标准（T/CSWSL 001—2018），将生物饲料定义为：使用《饲料原料目录（2013）》和《饲料添加剂品种目录（2013）》等国家相关法规允许使用的饲料原料和添加剂，通过发酵工程、酶工程、蛋白质工程和基因工程等生物工程技术开发的饲料产品的总称，包括发酵饲料、酶解饲料、菌酶协同发酵饲料和生物饲料添加剂等。对生物饲料的定义及其内涵的认识，随着生物饲料技术研究和生产实践的不断深入以及产业的发展也在不断变化。

## 二、生物饲料分类

生物饲料范围比较广，大致可分为两大类：一类为生物饲料添加剂，包括酶制剂、微生态制剂、功能性小肽、酵母类产品、植物提取物及寡糖等；另一类为生物发酵饲料，包括单一饲料原料发酵和混合饲料原料发酵产品，如发酵混合饲料、发酵饼粕、发酵糟渣等。

根据《生物饲料产品分类》团体标准的分类方法，按照原料、菌种或酶制剂组成以及饲料原料营养特性，将生物饲料分为4个主类、10个亚类、17个次亚类、50个小类和112个产品类别。

### 1. 按原料组成分类

按饲料原料组成的不同，发酵饲料分为发酵单一饲料和发酵混合饲料，酶解饲料分为酶解单一饲料和酶解混合饲料，菌酶协同发酵饲料分为菌酶协同发酵单一饲料和菌酶协同发酵混合饲料。

### 2. 按菌种或酶制剂组成分类

发酵饲料按添加的菌种组成的不同分为单菌种发酵饲料和多菌种发酵饲料，酶解饲料按添加的酶制剂的组成不同分为单酶酶解饲料和多酶酶解饲料。

### 3. 按原料营养特性分类

按照原料干物质的主要营养特性不同，发酵饲料分为发酵蛋白饲料、发酵能量饲料和发酵粗饲料等，酶解饲料分为酶解蛋白饲料、酶解能量饲料和酶解粗饲料等（表2-1）。

表 2-1　生物饲料产品分类表

| 主类 | 亚类 | 次亚类 | 小类 | 产品类别 |
|---|---|---|---|---|
| 发酵饲料 | 发酵单一饲料 | 发酵蛋白饲料 | 发酵植物蛋白饲料 | 单菌种发酵植物蛋白饲料、多菌种发酵植物蛋白饲料 |
| | | | 发酵动物蛋白饲料 | 单菌种发酵动物蛋白饲料、多菌种发酵动物蛋白饲料 |
| | | | 微生物蛋白饲料 | 细菌类蛋白饲料、酵母类蛋白饲料、霉菌类蛋白饲料、微型藻类蛋白饲料、其他 |
| | | 发酵能量饲料 | 发酵谷实类饲料 | 单菌种发酵谷实类饲料、多菌种发酵谷实类饲料 |
| | | | 发酵糠麸类饲料 | 单菌种发酵糠麸类饲料、多菌种发酵糠麸类饲料 |
| | | | 发酵块根块茎类饲料 | 单菌种发酵块根块茎类饲料、多菌种发酵块根块茎类饲料 |
| | | | 发酵其他能量饲料 | 单菌种发酵其他能量饲料、多菌种发酵其他能量饲料 |
| | | 发酵粗饲料 | 发酵秸秆类饲料 | 单菌种发酵秸秆类饲料、多菌种发酵秸秆类饲料 |
| | | | 发酵牧草类饲料 | 单菌种发酵牧草类饲料、多菌种发酵牧草类饲料 |
| | | | 发酵果蔬渣类饲料 | 单菌种发酵果蔬渣类饲料、多菌种发酵果蔬渣类饲料 |
| | | | 发酵其他粗饲料 | 单菌种发酵其他粗饲料、多菌种发酵其他粗饲料 |

续表

| 主类 | 亚类 | 次亚类 | 小类 | 产品类别 |
|---|---|---|---|---|
| 发酵混合饲料 | 发酵混合饲料 | 单菌种发酵混合饲料 | — | — |
| | | 多菌种发酵混合饲料 | — | — |
| 酶解饲料 | 酶解单一饲料 | 酶解蛋白饲料 | 酶解植物蛋白饲料 | 单酶酶解植物蛋白饲料、多酶酶解植物蛋白饲料 |
| | | | 酶解动物蛋白饲料 | 单酶酶解动物蛋白饲料、多酶酶解动物蛋白饲料 |
| | | 酶解能量饲料 | 酶解谷实类饲料 | 单酶酶解谷实类饲料、多酶酶解谷实类饲料 |
| | | | 酶解糠麸类饲料 | 单酶酶解糠麸类饲料、多酶酶解糠麸类饲料 |
| | | | 酶解块根块茎类饲料 | 单酶酶解块根块茎类饲料、多酶酶解块根块茎类饲料 |
| | | | 酶解其他能量饲料 | 单酶酶解其他能量饲料、多酶酶解其他能量饲料 |
| | | 酶解粗饲料 | 酶解秸秆类饲料 | 单酶酶解秸秆类饲料、多酶酶解秸秆类饲料 |
| | | | 酶解牧草类饲料 | 单酶酶解牧草类饲料、多酶酶解牧草类饲料 |
| | | | 酶解果蔬渣类饲料 | 单酶酶解果蔬渣类饲料、多酶酶解果蔬渣类饲料 |
| | | | 酶解其他粗饲料 | 单酶酶解其他粗饲料、多酶酶解其他粗饲料 |

续表

| 主类 | 亚类 | 次亚类 | 小类 | 产品类别 |
|---|---|---|---|---|
| 酶解饲料 | 酶解混合饲料 | 单酶酶解混合饲料 | — | — |
| | | 多酶酶解混合饲料 | — | — |
| 菌酶协同发酵饲料 | 菌酶协同发酵单一饲料 | 菌酶协同发酵蛋白饲料 | 菌酶协同发酵植物蛋白饲料 | — |
| | | | 菌酶协同发酵动物蛋白饲料 | — |
| | | 菌酶协同发酵能量饲料 | 菌酶协同发酵谷实类饲料 | — |
| | | | 菌酶协同发酵糠麸类饲料 | — |
| | | | 菌酶协同发酵块根块茎类饲料 | — |
| | | | 菌酶协同发酵其他能量饲料 | — |
| | | 菌酶协同发酵粗饲料 | 菌酶协同发酵秸秆类饲料 | — |
| | | | 菌酶协同发酵牧草类饲料 | — |
| | | | 菌酶协同发酵果蔬渣类饲料 | — |
| | | | 菌酶协同发酵其他粗饲料 | — |
| | 菌酶协同发酵混合饲料 | — | — | — |

| 主类 | 亚类 | 次亚类 | 小类 | 产品类别 |
|------|------|--------|------|----------|
| 生物饲料添加剂 | 微生物饲料添加剂 | 单菌种微生物饲料添加剂 | 乳酸菌 | 肠球菌属（粪肠球菌、屎肠球菌和乳酸肠球菌等） |
| | | | | 乳杆菌属（德式乳杆菌乳酸亚种、德氏乳杆菌保加利亚亚种、嗜酸乳杆菌、干酪乳杆菌、副干酪乳杆菌、植物乳杆菌、罗伊氏乳杆菌、纤维二糖乳杆菌、发酵乳杆菌和布氏乳杆菌等） |
| | | | | 双歧杆菌属（两歧双歧杆菌、婴儿双歧杆菌、长双歧杆菌、短双歧杆菌、青春双歧杆菌和动物双歧杆菌等） |
| | | | | 片球菌属（乳酸片球菌、戊糖片球菌等） |
| | | | | 链球菌属（嗜热链球菌等） |
| | | | 丙酸杆菌 | 产丙酸丙酸杆菌 |
| | | | 芽孢菌 | 芽孢杆菌属（地衣芽孢杆菌、枯草芽孢杆菌、迟缓芽孢杆菌、短小芽孢杆菌和凝结芽孢杆菌等） |
| | | | | 短芽孢杆菌属（侧孢短芽孢杆菌等） |
| | | | | 梭菌属（丁酸梭菌等） |
| | | | 酵母菌 | 产朊假丝酵母 |
| | | | | 酿酒酵母 |
| | | | 霉菌 | 黑曲霉 |
| | | | | 米曲霉 |
| | | | 光合细菌 | 沼泽红假单胞菌 |
| | | 多菌种微生物饲料添加剂 | — | — |

续表

| 主类 | 亚类 | 次亚类 | 小类 | 产品类别 |
|---|---|---|---|---|
| 生物饲料添加剂 | 酶制剂 | 单酶制剂 | 淀粉酶 | 产自黑曲霉的淀粉酶 |
| | | | | 产自解淀粉芽孢杆菌的淀粉酶 |
| | | | | 产自地衣芽孢杆菌的淀粉酶 |
| | | | | 产自枯草芽孢杆菌的淀粉酶 |
| | | | | 产自长柄木霉[①]的淀粉酶 |
| | | | | 产自米曲霉的淀粉酶 |
| | | | | 产自酸解支链淀粉芽孢杆菌的淀粉酶 |
| | | | | 产自大麦芽的淀粉酶 |
| | | | $\alpha$-半乳糖苷酶 | 产自黑曲霉的 $\alpha$-半乳糖苷酶 |
| | | | 纤维素酶 | 产自长柄木霉[①]的纤维素酶 |
| | | | | 产自黑曲霉的纤维素酶 |
| | | | | 产自孤独腐质霉的纤维素酶 |
| | | | | 产自绳状青霉的纤维素酶 |
| | | | $\beta$-葡聚糖酶 | 产自黑曲霉的 $\beta$-葡聚糖酶 |
| | | | | 产自枯草芽孢杆菌的 $\beta$-葡聚糖酶 |
| | | | | 产自长柄木霉[①]的 $\beta$-葡聚糖酶 |
| | | | | 产自绳状青霉的 $\beta$-葡聚糖酶 |
| | | | | 产自解淀粉芽孢杆菌的 $\beta$-葡聚糖酶 |
| | | | | 产自棘孢曲霉的 $\beta$-葡聚糖酶 |
| | | | 葡萄糖氧化酶 | 产自特异青霉的葡萄糖氧化酶 |
| | | | | 产自黑曲霉的葡萄糖氧化酶 |
| | | | 脂肪酶 | 产自黑曲霉的脂肪酶 |
| | | | | 产自米曲霉的脂肪酶 |
| | | | 麦芽糖酶 | 产自枯草芽孢杆菌的麦芽糖酶 |
| | | | $\beta$-甘露聚糖酶 | 产自迟缓芽孢杆菌的 $\beta$-甘露聚糖酶 |
| | | | | 产自黑曲霉的 $\beta$-甘露聚糖酶 |
| | | | | 产自长柄木霉[①]的 $\beta$-甘露聚糖酶 |

续表

| 主类 | 亚类 | 次亚类 | 小类 | 产品类别 |
|---|---|---|---|---|
| 生物饲料添加剂 | 酶制剂 | 单酶制剂 | 果胶酶 | 产自黑曲霉的果胶酶 |
| | | | | 产自棘孢曲霉的果胶酶 |
| | | | 植酸酶 | 产自黑曲霉的植酸酶 |
| | | | | 产自米曲霉的植酸酶 |
| | | | | 产自长柄木霉①的植酸酶 |
| | | | | 产自毕赤酵母的植酸酶 |
| | | | 蛋白酶 | 产自黑曲霉的蛋白酶 |
| | | | | 产自米曲霉的蛋白酶 |
| | | | | 产自枯草芽孢杆菌的蛋白酶 |
| | | | | 产自长柄木霉①的蛋白酶 |
| | | | 角蛋白酶 | 产自地衣芽孢杆菌的角蛋白酶 |
| | | | 木聚糖酶 | 产自米曲霉的木聚糖酶 |
| | | | | 产自孤独腐质霉的木聚糖酶 |
| | | | | 产自长柄木霉①的木聚糖酶 |
| | | | | 产自枯草芽孢杆菌的木聚糖酶 |
| | | | | 产自绳状青霉的木聚糖酶 |
| | | | | 产自黑曲霉的木聚糖酶 |
| | | | | 产自毕赤酵母的木聚糖酶 |
| | | 多酶制剂 | — | |
| | 寡糖 | — | — | 低聚木糖（木寡糖） |
| | | | | 低聚壳聚糖 |
| | | | | 半乳甘露寡糖 |
| | | | | 果寡糖 |
| | | | | 甘露寡糖 |
| | | | | 低聚半乳糖 |
| | | | | 壳寡糖［寡聚 $\beta$-(1-4)-2-氨基-2-脱氧-D-葡萄糖］（$n=2\sim10$） |
| | | | | $\beta$-1,3-D-葡聚糖（源自酿酒酵母） |
| | | | | $N,O$-羧甲基壳聚糖 |
| | 其他 | — | — | — |

①目录中所列长柄木霉亦可称为长枝木霉或李氏木霉。

注：引自《生物饲料产品分类》团体标准（T/CSWSL 001—2018）。

### 三、生物饲料发展背景

#### 1. 饲料资源短缺,人畜争粮矛盾突出

饲料资源短缺且价格波动大是制约我国饲料工业和畜牧业生产发展的瓶颈。目前,我国饲料用粮约占粮食总产量的 35%,预计到 2030 年饲料用粮占粮食总产量比重将达到 50%,约 80% 的蛋白质饲料原料依赖进口。近年我国大力推进粮改饲,鼓励草畜结合,促进粮食种植结构调整,但蛋白质饲料的大豆进口依赖度高。因此,利用非粮型饲料原料来代替日渐紧缺的常规饲料原料将成为未来饲料发展的必然趋势,显然数量大、分布广、种类多和价格低廉的非竞争性资源农作物秸秆资源饲料化利用是一个重要的研究方向。通过微生物发酵的方式来提高秸秆等粗饲料资源的饲用价值,不仅可以实现资源的再利用,还能缓解我国饲料资源紧缺和人畜争粮的矛盾。

#### 2. 抗生素滥用,增加畜产品安全风险

动物饲料中添加抗生素在促进动物生长、保障动物健康等方面起到了积极的促进作用。然而随着科技的发展,抗生素的负面作用逐渐被发现,主要体现在以下几个方面。

(1) 抗生素在消灭病原微生物的同时也会影响动物体内有益微生物的生长繁殖。

(2) 抗生素在动物体内残留和富集,通过畜禽产品食物链直接威胁人类健康。

(3) 滥用抗生素会导致病原微生物产生耐药性,进而影响到人类公共卫生与安全。

(4) 部分饲用抗生素以原形或代谢物随粪尿排出体外,对土壤、水体等环境造成影响。

欧洲已于 2006 年全面禁止在动物性饲料中使用抗生素,我国也逐步禁止抗生素的使用。毋庸置疑寻找能够替代抗生素并能发挥抑制病原

菌生长，促进畜禽健康生长的新型饲料变得越来越重要。微生物发酵饲料中含有大量的有益微生物，能改善动物肠道微生态平衡，提高免疫力，预防疾病，保障动物健康。

### 3. 畜禽粪便不合理排放，造成环境污染

动物将饲料中的部分养分转化为畜产品，而大部分摄入养分都随粪便排入环境。目前，我国对于畜禽粪便的排放和利用方式存在诸多问题，大量的畜禽粪便未经处理直接排放或者露天堆放或直接作为肥料施入耕地，造成土壤、水体等环境污染。然而，微生物发酵饲料能提高饲料营养物质的利用率，减少粪便中氮磷等污染物的排放。随粪便排出的微生物可继续分解粪中残留的有机物，减少畜舍氨气、硫化氢以及粪臭素的浓度，改善养殖环境。

### 4. 饲料转化率低，养殖成本增加

畜禽养殖业的饲料成本一般占总成本的60%～70%，饲料原料价格不断升高造成饲料成本增加。在生产实际中，非常规饲料原料的大量应用以及饲料中存在的抗营养因子也影响营养物质的消化吸收，造成饲料转化率低。利用微生物对饲料，特别是粗纤维含量高的秸秆等粗饲料进行发酵，就能将其中大分子物质转化为容易消化吸收的小分子物质，从而减少抗营养因子，提高饲料消化利用率，降低养殖成本等。

### 5. 绿色养殖理念得到推广，发酵饲料或成为刚性需求

随着科学技术水平的快速进步，农户的养殖观念与养殖方式开始转变，规模化、标准化、专业化养殖模式发展较快，绿色生态养殖理念得到推广，为构建资源节约、生态环保的养殖业奠定了良好的基础。发酵饲料的使用效果在畜牧业生产中已得到广泛认可，饲料发酵工艺技术体系初步形成，饲料发酵的产业化进程将会越来越快，人们对绿色、有机畜产品的认可度提高和需求量增大，将会进一步促进微生物发酵饲料的发展。

### 6. 国家政策支持，促进发酵饲料发展

国家制定了一系列相关政策并提出了未来饲料行业的总体目标，即逐步实现安全、优质、高效、协调发展，确保饲料产品供求平衡和质量安全，实现饲料工业结构进一步优化，提高科技对饲料工业的贡献率，饲料企业的国际竞争能力显著增强。饲料工业发展规划就明确提出：未来生物技术与生物饲料在保障饲料安全与食品安全、促进饲料产业健康可持续发展具有重要意义，也是促进我国畜牧业健康持续发展的必要条件和物质基础，是我国今后饲料工业发展的长期战略。据预测，到2025年我国发酵饲料比例将达到40%。

## 四、国内外生物饲料发展概况

### 1. 国外生物饲料发展概况

国外从20世纪50年代开始研发微生物发酵饲料。最初使用的原料主要是一些富含纤维物质的固体残渣，现使用的饲料原料越来越广泛，但还是主要集中于工农业生产的废弃物，趋向于资源的综合利用和环境治理。国外微生物发酵饲料主要经历两个发展阶段。

第一阶段是20世纪50～80年代，这一阶段对微生物发酵饲料缺乏科学的认识，对微生物菌种缺乏监管，对其产品的安全性和有效性缺乏评估，在饲料生产和畜牧养殖过程中只是盲目地追求畜禽的生长速度。

20世纪90年代初以后开始进入第二阶段，这一时期要求对微生物菌种要有全面的认识，并开始了对所采用的微生物菌株进行全面监管，对于初次采用的菌株要经过严格申请和审批等步骤。要求对菌株的安全性和有效性等进行全面评估，同时对于益生菌发挥作用的机制以及与宿主的作用方式等都需要逐步研究掌握方可进行应用研究。

目前所采用的益生菌菌种数量也在不断增加，2009年美国联邦食品药品管理局和美国饲料控制官员协会允许46种微生物菌种可作为饲

料添加剂使用，未来允许使用的菌种将会更多。在微生物发酵饲料应用方面，目前，欧美等国家和地区微生物发酵饲料的使用比例已经超过50%；德国已有15%以上的猪场采用生物液体饲料，荷兰、芬兰规模化猪场应用生物饲料饲喂的比例达到60%，在丹麦生物饲料养猪的比例达到80%，在法国使用流体生物饲料设备的猪场约占猪场总数的15%。

**2. 我国生物饲料的发展概况**

我国生物发酵饲料的研究起步较晚，发展过程与我国的国情和饲料资源短缺状况紧密相关。近年来生物发酵饲料日益受到重视，已成为我国饲料行业发展的热点之一，其产品应用效果在生产中得到了广泛认可。生物发酵饲料发展大体可以概括为以下3个时期。

第一发展时期是20世纪80年代的糖化饲料。将含淀粉较多的饲料通过糖转化酶的作用，将部分淀粉转化为糖分，提高动物对饲料的消化吸收，由于过度"炒作"，超过其使用价值而衰退。

第二个发展时期是20世纪90年代的"酵母粉"。以苏联的"石油酵母"为主，以廉价的蛋白原料为卖点，由于技术线路存在问题而销声匿迹。

第三个发展时期即现在的微生物发酵饲料。与以前相比有了更好的菌种，工艺上采用了固体浅层发酵和深层通风发酵以及液体深层发酵等，主要是利用高活性的菌种对廉价的工农业废弃物进行发酵，不仅能实现资源的再利用，同时能提高饲料产品品质。

目前我国生物发酵饲料关注的主要是饲用酶制剂、益生菌、生物活性肽和寡糖、发酵豆粕和发酵菜粕等。生物发酵饲料是我国饲料创新发展的重要方向，预计3~5年生物饲料将占饲料行业总产值的10%，未来5~10年将达到30%，生物饲料使用比例和范围会逐渐扩大。

## 第二节　发酵饲料

### 一、发酵饲料概念

发酵饲料属于生物饲料的范畴。发酵饲料是以微生物发酵为核心，在人工控制条件下，以植物性农副产品为主要原料，利用乳酸菌、酵母菌、芽孢杆菌等有益微生物对一种或多种饲料原料进行发酵，将大分子物质分解或转化为小分子物质，并减少抗营养因子，产生更有利于动物采食和利用的富含高活性益生菌及其代谢产物的饲料或原料。2018 年 9 月，北京生物饲料产业技术创新战略联盟发布了《发酵饲料技术通则》团体标准（T/CSWSL 002—2018），发酵饲料定义为：使用《饲料原料目录（2013）》和《饲料添加剂品种目录（2013）》等国家相关法规允许使用的饲料原料和微生物，通过发酵工程技术生产含有微生物或其代谢产物的单一饲料和混合饲料。对发酵饲料的定义和其内涵的认识，随着科学技术研究和生产实践的不断深入也在不断变化。

### 二、微生物发酵与发酵技术

微生物发酵是指微生物在有氧或无氧状态下的生长繁殖来生产菌体，或其产生直接代谢产物、次级代谢产物的过程。通常所说的发酵，多指利用好氧或厌氧微生物来生产有益代谢产物的一类生产方式。

微生物发酵技术是指在人为控制的条件下，以植物性农副产品为主要原料，通过微生物分泌的消化酶及其他代谢产物的作用，将多糖、蛋白质、脂肪等大分子物质转化为有机酸、可溶性多糖等小分子物质，抑制有害病原菌的繁殖，形成营养丰富、适口性好、活菌含量高的生物饲料的一种现代生物技术。

## 三、发酵方式

### 1. 固态发酵

固态发酵是指通过人为控制发酵条件，利用微生物对固态饲料进行发酵的生物反应过程。其优点为操作简单、能耗低、投资少、产出高、不需废水处理、污染环境小、后加工处理方便等。原料与菌种混合均匀后装袋密封或堆积发酵即可，呼吸消耗小，干物质损失一般不超过5.0%，发酵后的饲料具有独特的酸香味，适口性好，有很好的诱食效果等。固态发酵的缺点：发酵菌种生长缓慢，代谢速度慢，不易快速形成优势菌群；外界温度低于15℃则发酵热量不容易积累，发酵时间不一致，各批次质量稳定性较差；发酵过程容易污染杂菌导致发酵失败；发酵工艺控制和过程参数难以实现准确测定等。我国目前饲料发酵仍以固态发酵为主，固态发酵根据使用的容器不同，可分为呼吸袋式、桶式、条垛式、槽罐式、平床式、塔式和滚筒式等类型。

### 2. 液态发酵

液态发酵是指通过人为控制发酵条件，利用微生物对液体饲料进行发酵的生物反应过程，并利用悬浮技术将饲料加工成均匀分散的液态饲料。液态发酵饲料是通过添加糖蜜、维生素、微量元素、脂肪、蛋白质等原料，利用有益微生物进行发酵制备而成，除含丰富的营养物质外，还含有大量的活性益生菌。

液态发酵时的菌种、养分、温度、pH 值、时间等是决定发酵成功与否的关键因素。此法的优点：发酵时间短，效率高，适合于工业化生产和便于无菌操作；物料交换充分，发酵均匀度高，发酵过程可实现实时监测，质量稳定性高，发酵完后可直接饲喂；终产物中乳酸菌、双歧杆菌、酵母菌等有益微生物处于对数生长期，活性高，摄入动物肠道后无需复苏过渡，可直接发挥生物学功能。其缺点：设备投资大，生产成本较高，发酵饲料的保质期短，不利于储存和远距离运输。

## 四、发酵菌种

选择发酵菌种是微生物发酵饲料技术的首要环节，其安全性和有效性是保证发酵质量的重要前提。农业农村部公布的饲用微生物菌种分为乳酸菌类、双歧杆菌类、芽孢杆菌类、酵母类、霉菌类、光合细菌类和丙酸杆菌类七大类，在生产实际中常用于发酵饲料的菌种有乳酸菌类、芽孢杆菌类和酵母类三大类，主要用于畜禽饮水、拌料、全价料和饲料原料发酵。乳酸菌为肠道内定植菌，有产酸、产抑菌素等作用；芽孢杆菌能分泌蛋白酶、脂肪酶、淀粉酶和纤维酶等多种消化酶，提高饲料利用率；酵母菌可为动物提供菌体蛋白，提高适口性，帮助消化。植物乳杆菌、酿酒酵母、枯草芽孢杆菌等被广泛应用于饲料发酵。

根据 2013 年农业部 2045 号公告《饲料添加剂品种目录》中规定，在饲料以及饲料添加剂中可使用的微生物菌株共计 35 种。具体为乳酸菌 22 种（两歧双歧杆菌、粪肠球菌、屎肠球菌、乳酸肠球菌、嗜酸乳杆菌、干酪乳杆菌、德式乳杆菌乳酸亚种、植物乳杆菌、乳酸片球菌、戊糖片球菌、婴儿双歧杆菌、长双歧杆菌、短双歧杆菌、青春双歧杆菌、嗜热链球菌、罗伊氏乳杆菌、动物双歧杆菌、纤维二糖乳杆菌、发酵乳杆菌、德氏乳杆菌保加利亚亚种、布氏乳杆菌、副干酪乳杆菌），芽孢杆菌 6 种（地衣芽孢杆菌、枯草芽孢杆菌、迟缓芽孢杆菌、短小芽孢杆菌、凝结芽孢杆菌、侧孢短芽孢杆菌），酵母菌 2 种（产朊假丝酵母、酿酒酵母），霉菌 2 种（黑曲霉、米曲霉），光合细菌 1 种（沼泽红假单胞菌），产丙酸菌 1 种（产丙酸丙酸杆菌），产丁酸菌 1 种（丁酸梭菌）。

## 五、发酵基料

发酵饲料在选择发酵基料时，既要考虑动物日常所需营养物质的种类及含量，如能量、蛋白质、微量元素和维生素等，又要考虑菌种生长所需的碳氮比、pH 值、水分、可发酵碳水化合物、渗透压等，同时还要在剂型上兼顾后期混合使用相关的颗粒度、流散性等因素。常见发酵基料优缺点如表 2-2 所示。

表 2-2　常见发酵基料优缺点

| 基料类型 | 优点 | 缺点 |
|---|---|---|
| 秸秆、白酒糟、醋糟、茶叶渣、菌糠、蔗渣、马铃薯渣 | 粗纤维和灰分含量较高 | 产品附加值较低；保存条件差，霉菌毒素极易超标 |
| 次粉、木薯渣、米糠、糖渣 | 原料能值高；残留的可发酵碳水化合物丰富 | 物料吸水受热后黏性高，流散性差；长时间发酵后 pH 值偏低，反而影响适应性 |
| 玉米胚芽、玉米皮、麸皮、豆皮、豆渣、果渣、啤酒糟 | 营养丰富、pH 值接近中性、适应性好、适合大多数微生物生长 | 水分不稳定，玉米赤霉烯酮、呕吐毒素等霉菌毒素易超标；粗纤维含量高，容重低 |
| 豆粕、花生粕、大米蛋白粉、豌豆蛋白等植物源粕类蛋白原料 | 粗蛋白质含量高；发酵后抗原蛋白降解，消化吸收效率大幅提高 | 发酵后由于可溶性小肽的增加和内源性果胶的释放，黏性增加，流散性较差 |
| 氨基酸渣、羽毛粉、皮革粉、核苷酸渣、味精渣 | 菌体蛋白高；无机氮含量高；价格低 | 利用效率低；加水后气味难闻，适应性较差 |

## 六、几种常用菌种特性及其应用

### 1. 酵母菌

一般泛指能发酵糖类的各种单细胞真菌，目前已知的有 1000 多种，在自然界中广泛分布。酵母菌不但是传统的食品和饮料酿造工业的主要生产菌种，而且是现代生物饲料发酵技术领域的重要菌种。酵母菌属于兼性厌氧微生物，在有氧和无氧环境下都能生长繁殖。根据酵母菌产生孢子的能力分成三类：形成孢子的株系属于子囊菌和担子菌，不形成孢子主要通过芽殖来繁殖的称为不完全真菌，或者叫"假酵母"。

酵母菌广泛应用于微生物饲料添加剂和发酵饲料等领域。饲用酵母的主要种类有啤酒酵母（图 2-1）和产朊假丝酵母。酵母菌利用饲料原料中的碳水化合物进行繁殖产生菌体蛋白质；分解可溶性糖产生乙醇等物质使发酵饲料具有特殊浓烈的酒香味，能改善饲料的适口性，提高动物采食量；酵母菌含有丰富的蛋白质、氨基酸、B族维生素、糖等，同时能产生 α-淀粉酶、蛋白酶、纤维素酶、半纤维素酶等多种酶，对营养物质的消化吸收起着重要作用；酵母菌还可以直接和肠道中的病原体结合，中和胃肠中的毒素，改善动物胃肠道环境和菌群结构，提高动物机体免疫力和抗病力以及减少应激等。酵母菌在饲料发酵前期实现定向发酵，随着乳酸菌的增殖和氧气的耗尽而停止生长活动，但其产生的有益产物仍在饲料发酵中起作用。

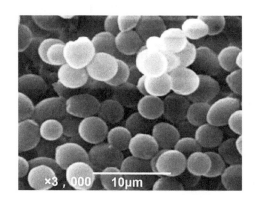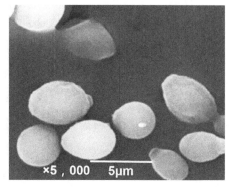

图 2-1　酿酒酵母菌（*Saccharomyces cerevisiae*）
的扫描电镜照片（引自张团伟，2005）

### 2. 乳酸菌

乳酸菌因能发酵碳水化合物产生大量乳酸而命名。在无芽孢杆菌中乳酸菌耐酸力最强，pH值3.0～4.5的环境中仍然能生存。是动物生产中应用最早、最广泛的一类益生菌，是动物肠道重要的生理性菌群之一，担负着动物体内重要的生理功能。

乳酸菌按其发酵碳水化合物产生乳酸的能力分为两类，一类为同型发酵乳酸菌，另一类为异型发酵乳酸菌。同型发酵乳酸菌1分子葡萄糖产生2分子乳酸，具有产酸速度快、产酸能力强的特点，可使秸秆发酵饲料的酸度快速下降，抑制有害菌的活动，保证发酵饲料的质量。而异型发酵乳酸菌 1 分子葡萄糖产生 1 分子乳酸，将水溶性碳水化合物转化为乳酸的效率只有同型发酵乳酸菌的 17%～50%，并且产生家畜不易代谢的 D-型乳酸。国外广泛采用的乳酸菌包括植物乳杆菌、嗜酸乳杆菌、嗜酸片球菌等，均属于同型发酵乳酸菌。

乳酸菌具有一些特殊的生物学功能，发酵可产生大量代谢物，包括有机酸、抗菌肽、生物素等，代谢产物和活菌液对革兰氏阳性菌和阴性菌都有很强的抑菌效果；可以与大肠杆菌、沙门氏菌等有害菌发生竞争作用，抑制致病菌在肠道细胞上的定植；可以通过自身的黏附和代谢作用，抑制黄曲霉毒素的产生并分解已产生的毒素；随着 pH 值的降低抑菌作用逐渐变强，活菌和代谢产物中含有较高的超氧化物歧化酶，能增强动物的体液免疫和细胞免疫；乳酸菌在发酵过程中产生的乙酸乙酯等风味物质，使发酵饲料具有酸香和果香味，从而提高发酵饲料的适口性。乳酸积累导致酸度增强，乳酸菌自身也受到抑制而停止活动。乳酸菌不耐高温，在饲料加工和储存过程中容易失活。

中南民族大学从健康牛的瘤胃中定向富集分离到植物乳杆菌 SCUEC6 菌株（图 2-2），革兰氏染色阳性，菌落呈乳白色、圆形、边缘整齐；过氧化氢酶实验阴性，含溴甲酚紫平板上菌落颜色为黄色，16SrRNA 基因序列与植物乳杆菌属（*Lactobacillus plantarum*）多个的菌株同源性均在 96% 以上。

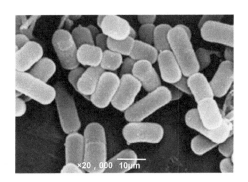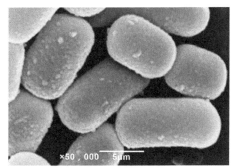

图 2-2　植物乳杆菌 SCUEC6 菌株扫描电镜照片

　　植物乳杆菌 SCUEC6 菌株具有产酸能力强、产酸速度快、耐酸能力强、生长速度快等特点。植物乳杆菌 SCUEC6 菌株培养 24 小时，pH 值由 6.511 降低到 3.012，$OD_{600}$ 达到 3.816。植物乳杆菌 SCUEC6 菌株培养 24 小时，在初始 pH 值 1~7 的范围内，植物乳杆菌 SCUEC6 菌株的生长随 pH 值增加生长速度加快。在初始 pH 值 1~3 的范围内，植物乳杆菌 SCUEC6 菌株的生长缓慢，培养后培养基 pH 值增加；在初始 pH 值 4~7 的范围内，植物乳杆菌 SCUEC6 菌株的生长较快，培养后培养基 pH 值降低。在 pH 值为 1~3 的液体培养基中具有生长能力的植物乳杆菌未见文献报道。

　　植物乳杆菌 SCUEC6 菌株培养物的上清液对大肠杆菌、金黄色葡萄球菌、沙门氏菌等病原菌具有一定的抑菌效果。植物乳杆菌 SCUEC6 菌株培养物的上清液和菌液对地衣芽孢杆菌生长有促进作用。植物乳杆菌 SCUEC6 菌株发酵上清液和发酵液对舒张气管环有一定作用。因而，植物乳杆菌 SCUEC6 菌株在饲料发酵中具有广泛的应用前景。

### 3. 芽孢杆菌

　　芽孢杆菌是一种能够产生芽孢的需氧或兼性厌氧菌，大多数对人类或动物无毒性，在芽孢状态下具有较强的抗逆性和环境适应性，具有耐高温、高压和酸碱等特点。许多芽孢杆菌可产纤维素酶、半纤维素酶、木质素酶、蛋白酶、淀粉酶、脂肪酶、植酸酶等多种消化酶等，具有高分泌能力的芽孢杆菌可作为"细胞工厂"进行工业化酶生产。枯草芽孢杆菌可产生 α-淀粉酶、蛋白酶、脂肪酶、纤维素酶等酶类，以木聚糖酶为主；地衣芽孢杆菌以蛋白酶为主，在消化道中与动物体内的消化酶类一同发挥作用。

　　许多芽孢杆菌能够分泌多种抗生素类物质，枯草芽孢杆菌菌体生长过程中产生枯草菌素、多黏菌素、制霉菌素、短杆菌肽等活性物质，这些活性物质对致病菌有明显的抑制作用，还能刺激动物免疫器官的生长发育，激活 T、B 淋巴细胞，提高免疫球蛋白和抗体水平，增强细胞免疫和体液免疫功能。在生长过程中消耗环境中的游离氧，创造厌氧菌生长环境，厌氧菌产生乳酸等有机酸类，降低 pH 值，间接抑制其他致病菌生长。

芽孢杆菌在动物肠道内生长繁殖还能产生多种营养物质，如氨基酸、有机酸和促生长因子等，还能合成动物体内维生素 $B_1$、维生素 $B_2$、维生素 $B_6$、烟酸等多种 B 族维生素，提高动物体内干扰素和巨噬细胞的活性。枯草芽孢杆菌作为一种绿色饲料添加剂，已经在畜牧业和饲料业中得到广泛应用，目前已应用于生产的芽孢杆菌主要有枯草芽孢杆菌和地衣芽孢杆菌等。

中南民族大学从牛胃秸秆发酵物中分离纯化出对纤维素具有降解能力的枯草芽孢杆菌 SCUEC7 菌株（图 2-3）和对淀粉具有降解能力的枯草芽孢杆菌 SCUEC8 菌株。两株菌株吲哚试验、硫化氢试验、枸橼酸盐利用试验为阴性，甲基红试验、伏-普试验、柠檬酸盐利用试验、水解淀粉试验、丙酸盐利用试验、硝酸盐还原试验、酪素利用试验结果为阳性。

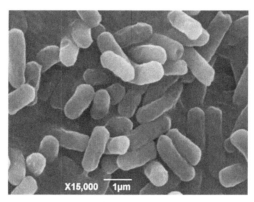

图 2-3  枯草芽孢杆菌 SCUEC7 菌株扫描电镜照片

在培养时间为 12 小时、pH 值为 6.0、培养温度为 37℃、碳源为 20.0 克/升麦芽糖、氮源为 15.0 克/升胰蛋白胨、1.5 克/升 $Mn^{2+}$ 的条件下，SCUEC7 菌株 $OD_{600}$ 和内切葡聚糖酶活性较高。在培养时间为

16 小时，pH 值为 6.0，培养温度为 37℃，碳源为 20.0 克/升麦芽糖、氮源为 15.0 克/升胰蛋白胨、1.0 克/升 $Mn^{2+}$ 时，SCUEC8 菌株 $OD_{600}$ 和 $\alpha$-淀粉酶活性较高。

从枯草芽孢杆菌 SCUEC7 菌株中克隆获得内切葡聚糖酶，由 493 个氨基酸组成，属于碱性亲水性蛋白。该酶较适反应 pH 值为 6.0，反应温度为 60℃，金属离子 $Fe^{2+}$ 和 $Mn^{2+}$ 对该酶活性具有促进作用，$Cu^{2+}$ 和 $Fe^{3+}$ 对蛋白酶活性有抑制作用。

从枯草芽孢杆菌 SCUEC8 菌株中克隆获得 $\alpha$-淀粉酶，由 477 个氨基酸组成，属于碱性亲水性蛋白。该酶较适反应 pH 值为 5.0，反应温度为 45℃。金属离子 $Cu^{2+}$、$Fe^{2+}$ 和 $Fe^{3+}$ 对该酶活性有一定的抑制作用，$Mn^{2+}$ 对该酶活性具有促进作用。

### 4. 霉菌

饲料发酵中常用的霉菌种类主要包括木霉、曲霉、青霉等。将霉菌孢子或菌丝接种到秸秆上，在适宜的环境条件下孢子发芽，能生长出菌丝向里延伸产生酶类分解纤维素、半纤维素等物质，同时吸收原料物质合成微生物蛋白和维生素。饲料经过霉菌发酵转化为易吸收的单糖、双糖、微生物蛋白、维生素等。

黑曲霉（图 2-4）可产生淀粉酶、酸性蛋白酶、纤维素酶、果胶酶、葡萄糖氧化酶、柠檬酸和没食子酸等。黑曲霉产生的纤维素酶和半纤维素酶及果胶酶可以分解植物性饲料中的纤维素和果胶质，释放出其中的营养物质，使较为复杂的化合物变为相对简单的化合物，以利于动物吸收。黑曲霉菌产生的蛋白酶可以分解饲料中的蛋白质，以弥补动物内源消化酶的不足，刺激内源酶分泌，加速营养物质消化和吸收，提高饲料利用率。

饲料中添加黑曲霉菌能降低结肠炎发病率、利于减轻和防止仔猪的消化道疾病，并提升抗生素类药物的治疗效果。用黑曲霉菌生产的酶和黑曲霉菌发酵物在作为饲料添加剂使用时，必须注意要与动物消化道的生理条件相适应。幼龄单胃动物消化道的蛋白酶分泌不足，而饲料中蛋白质比例较高，容易引起幼龄动物腹泻，此时若在饲料中添加酸性蛋白酶和黑曲霉菌，可以通过分泌柠檬酸等的有机酸来调节胃内酸度，使蛋白酶更好地发挥作用，在提高饲料消化率的同时，抑制大肠杆菌等有害菌的生长，有效防治幼畜腹泻。此外，黑曲霉菌发酵饲料对育肥猪和鸡等动物的机体代谢调节、提高免疫球蛋白含量、增强抗病能力、提高存活率等具有正面作用。发酵饲料常用的黑曲霉、米曲霉等黑曲霉菌因能分泌多种消化酶，促进饲料中的养分消化吸收，成为美国食品药品监督管理局（FDA）批准允许直接添加到饲料中的添加剂之一。

图 2-4　黑曲霉的扫描电镜照片（引自 Xu et al.，2020）

## 5. 放线菌

放线菌是一类主要以无性孢子繁殖，陆生性较强的革兰氏阳性丝状细菌，广泛分布在海洋、土壤、空气和生物体内。与普通细菌相比，放线菌具有线状染色体，基因组大小（8～9）×$10^6$ 碱基对，含有较高的（G+C）mol% 含量，放线菌多分布在有机质的含量较高、地表深度在5～10厘米的弱碱性土壤中。放线菌目共分为8个科。放线菌在生长的中后期可产生多种结构类型的次生代谢产物，微生物来源的生物活性化合物中大约 45％是由放线菌产生的，其中，链霉菌科（图 2-5）是放线菌目中最大的活性产物产生科，因而放线菌具有较高的利用价值和广阔的开发前景。

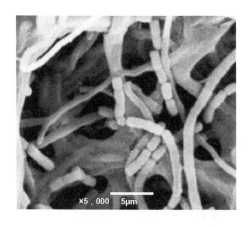 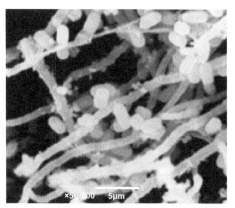

图 2-5　链霉菌的扫描电镜照片（引自杨瑞等，2014）

　　放线菌通过提高纤维素水溶性、增强菌丝穿透性能从而使纤维素降解。由于放线菌有一定的降解纤维素的能力，且能分泌多种具有生物功能活性的次级代谢产物，且代谢旺盛、生长繁殖速度快、对环境不造成污染、开发成本低，因此，放线菌可广泛应用于饲料等行业。

　　Cao 等筛选出一株具有高效降解纤维素能力的纤维素降解产氢菌，在菌株发酵秸秆的过程中定时取样测定酶活性变化情况，结果表明，发酵 72 小时达到酶活性最高值，此时滤纸酶活性为 0.54 单位/毫升、内切酶活性 0.51 单位/毫升、外切酶活性 0.48 单位/毫升、$\beta$-葡萄糖苷酶 0.16 单位/毫升。因此，可利用放线菌对秸秆等具有纤维素原料的农作物进行发酵前的预处理，将放线菌制成秸秆降解发酵菌剂，与乳酸菌一起制备青贮饲料。此外，由于放线菌可以分泌多种具有生物活性的次级代谢产物，也可直接用作饲料添加剂。Li 等从土壤样品中分离到一株链霉菌，该菌株对 10 种鱼类致病菌表现出良好的抗菌活性，且对草鱼肝细胞无毒性，将其添加至饲料中用于喂鱼。饲养 28 天后，病原感染后的草鱼存活率明显提高，通过对该菌株的全基因组分析，发现该菌株具有能增强草鱼免疫力和抑制病原菌的相关基因。这些结果表明，该菌株作为饲料添加剂可以调节草鱼免疫机制，增强草鱼对鱼类致病菌的抵抗力。

饲料发酵添加放线菌是因为放线菌能利用硝酸盐、葡萄糖、麦芽糖、无机铵盐、尿素等物质，但其难以利用乳糖。放线菌能够改变木质素的分子结构，从而提高秸秆的利用率。尽管放线菌的分解能力及速度不如其他菌种，但是放线菌是一种能够抵抗极端环境的菌种，能耐高温和各种酸碱，所以在高温阶段放线菌对纤维素和木质素分解起着重要作用。

我国是农业大国，每年产生大量农作物秸秆等农业废弃物，而这些废弃物往往作为饲料被应用于畜牧业，秸秆等主要成分为木质纤维素，这些成分会对饲料生产过程造成阻碍且不能被动物消化吸收。纤维素是木质纤维素的主要组成成分，但其需要纤维素酶的酶解。放线菌可作纤维素酶的生产菌株，在此方向可以大力发展。另外，放线菌具有来源广泛、获取成本低、次级代谢产物多等优点，其在饲料、农业等领域具有广泛的应用，具有极大的开发价值。

## 七、发酵饲料与传统饲料的区别

### 1. 含多种消化酶

发酵饲料是以植物性农副产品为主要原料，通过发酵产生的蛋白酶、脂肪酶和纤维酶等多种消化酶，降解部分多糖、蛋白质、脂肪等大分子物质，生成有机酸、可溶性糖类等小分子物质，并减少抗营养因子，改善饲料营养价值，提高消化利用率。而传统饲料是通过添加外源性酶制剂等达到提高饲料消化利用率的作用。

### 2. 适口性好

饲料发酵后，由微生物产生的多种不饱和脂肪酸或芳香酶，使发酵饲料产生一种特殊的酸香味，改善了饲料适口性，可明显刺激动物食欲。而传统饲料是通过添加诱食剂等来提高饲料的适口性和动物的采食量。

### 3. 改善肠道微生态平衡

发酵饲料含有大量的有益微生物，动物采食后，肠道中有益菌大量增加形成优势菌群，抑制有害病原菌的繁殖，维持肠道微生态平衡，保障动物健康。而传统饲料是通过添加微生态制剂来提高肠道有益菌的含量，改善肠道微生态平衡。

### 4. 提高动物免疫力

有益菌在发酵过程中产生的有用代谢产物，可提高动物免疫力，增强动物抗病力，降低发病率和死淘率。而传统饲料的防病治病主要依靠添加抗生素饲料添加剂的作用。

### 5. 防止饲料霉变

饲料发酵可以抑制饲料中的杂菌（包括病原菌）生长，降解霉菌毒素，发酵饲料密封好可长时间保存。而传统饲料容易霉变，一般添加防霉剂防止饲料霉变。

### 6. 无毒副作用

发酵饲料是通过发酵工程等手段开发的安全高效、环境友好、无残留的优质饲料，不含任何抗生素和有害物质，可用于生产绿色产品。而传统饲料有的添加抗生素来防病治病，如滥用抗生素易出现耐药性、药物残留和污染环境等问题。

### 7. 产品味道鲜美

采用发酵饲料饲养动物，通过吸收利用饲料中营养成分及原料的天然色素，可增加动物产品着色和食用风味，产品味道鲜美。而传统饲料多是通过添加外源性风味剂增加产品风味。

### 8. 改善养殖环境

发酵饲料喂养动物，能减少氮磷等排放，随粪便排出的微生物能继续分解粪便中的有机物，使畜舍内的氨气、硫化氢以及粪臭素含量明显降低，起到净化畜舍环境的作用。而传统饲料因不能减少氮磷等的排放，不能起到净化畜舍环境的作用。

## 八、发酵饲料与传统饲料存在的问题

### 1. 传统饲料存在的问题

（1）有的饲料原料中存在天然有毒有害物质　如某些植物性饲料原料中含有生物碱、生氰糖苷、硫化葡萄糖苷、皂苷、棉酚、蛋白酶抑制剂等，某些动物性饲料中含有组胺、抗硫胺素、抗生物素、肌胃糜烂素等。使用时用量控制不当会给畜禽带来危害，抗营养因子影响饲料营养物质的消化吸收。

（2）环境中的污染物对饲料原料造成污染　如工业"三废"污染以及农药、化肥的大量使用，这些物质容易引起饲料原料的污染。

（3）饲料霉变　我国一些地区特别是南方饲料霉变现象严重，易造成动物性食品污染。

（4）致病微生物污染　饲料原料、半成品、成品中存在病原微生物污染的危险，直接影响动物健康，这类病原微生物包括致病性细菌、病毒、寄生虫等。

### 2. 发酵饲料存在的问题

（1）产品研究方面　发酵过程中小分子营养物质流失，总能下降。有的发酵菌种作用机制不明，存在菌种质量不稳定和容易失活，发酵菌种、菌剂的协同或拮抗作用还有待研究，对动物营养和微生物营养的协同性和安全性需要提高。

（2）应用技术方面　产品质量与应用效果受菌种、发酵工艺、养殖品种和饲喂模式等的影响，生产中存在发酵饲料产品质量稳定性问题。

（3）发酵菌种生物安全方面　存在有的常见菌株来源不明、不纯和菌种退化现象，耐药基因转移、有害代谢产物、黏膜损伤、超敏反应等来自菌种的威胁也不断增加。

（4）评价体系方面　目前发酵饲料的质量主要通过色泽、气味和质地等感官指标，以及发酵菌的数量来判断，这些评价指标是否科学全面并未得到验证，缺乏完善的全面的科学评价体系等。

（5）设备配套方面　如饲料发酵设备与常规饲料企业现有的饲料加工设备不配套，发酵饲料饲喂与养殖企业现有的饲喂装备不配套。设备与装置专业化亟须推广，发酵饲料制作工艺需进一步完善，操作亟待规范等。

## 九、发酵饲料未来发展趋势

针对目前发酵饲料发展过程中存在的问题以及进一步促进发酵饲料发展的规划，需要明确未来发酵饲料发展的主要方向。

### 1. 功能增多

发酵饲料不仅要有提高饲料利用率和促进生长的效果，还应具有如防治疾病、消除粪便臭味、控制氮磷对环境的污染以及提高畜产品品质等多重效果。

### 2. 针对性加强

要研发针对不同动物、不同生长阶段等的发酵饲料，使其作用更具有针对性，效果更加显著，并根据菌种的不同特点设计不同的饲料产品。

### 3. 活性提高

应用基因工程、细胞工程等的原理和方法，通过不断筛选和改造，选育能大幅度降解秸秆中纤维素、半纤维素和木质素的活性高的微生物菌种。

### 4. 安全性提升

有益微生物在特定情况下有可能变为病原微生物，耐药性微生物有携带并转移抗生素抗性基因而产生耐药因子的可能性，因此，发酵饲料使用应充分考虑到动物安全、消费者安全和环境安全这几方面因素。

### 5. 加大对发酵工艺的优化研究

根据微生物发酵过程中的营养物质、菌数变化等规律，开发多种发酵工艺类型，建立标准化、规模化可控发酵工艺，设计研发适用于秸秆发酵的高效配套设备。尽可能地减少发酵成本，以提高发酵饲料的市场竞争力。

### 6. 注重新菌种的培育和应用

除目前使用的部分生理性微生物作为生产菌种外，尚有许多优势菌种未得到开发利用。要加强对饲用微生物的基础研究，以培育和开发出比现有菌种更好的新菌种。

# 第三章
# 秸秆发酵饲料加工设备

秸秆发酵饲料的质量，除与饲料原料、配方设计、加工工艺、发酵菌种等因素有关外，还与加工设备有很大关系。湖南碧野生物科技有限公司研制的 BY 系列饲料发酵设备，在秸秆发酵饲料生产中得到了广泛应用。

## 第一节　BY 型饲料发酵设备结构与特点

### 一、BY 型饲料发酵设备主体结构

BY 型饲料发酵设备主体结构由预混装置、输送装置和发酵罐体三部分组成（图 3-1）。预混装置的作用是将粉碎的秸秆与按配方添加的辅料等混合均匀，并伴有搓揉功能；输送装置的作用是完成原料输送和成品的输出任务；发酵罐体包括驱动、搅拌、加热、供氧和智能控制五部分，主要作用是完成秸秆的灭菌净化、适当熟化、搓揉混合、有氧发酵等功能。

### 二、BY 型饲料发酵设备特点

BY 型饲料发酵设备一体化设计、一键式操作、结构合理、性能可

图 3-1　BY 型饲料发酵设备主体结构
①—预混装置；②—输送装置；③—发酵罐体

靠、操作简单，具有搅拌搓揉、高温杀菌、加温熟化、通风供氧等
功能。

**1. 搅拌搓揉**

饲料资源种类繁多，性能各异，不同的饲料原料植物组织结构不
同，如农作物秸秆纤维物质多且表皮坚硬。该发酵设备装配了能对发酵
物料进行剪切、碾压、撕扯、搓揉等破解功能的专用刀片，可以将各种
秸秆破碎、撕裂成丝状物，使秸秆变松软，表面积增加，扩大微生物与
秸秆的接触面积，有利于微生物对秸秆的消化利用。

**2. 高温杀菌**

秸秆常因收储不当和长时间暴露在空气中，会滋生细菌、发霉变质
和发生寄生病虫害，特别是在南方更容易出现以上问题。在发酵前将混
合的饲料原料经过 75℃以上，持续 60 分钟处理后，杀灭原料中致病性

细菌、真菌和虫卵，提高饲料的安全性，降低动物致病的风险。

### 3. 加温熟化

发酵机通过外源性热源对物料进行加温，使物料产生一定的熟化作用。一是适当熟化后可提高饲料的适口性和动物采食量；二是能降解抗营养因子，提高饲料消化利用率；三是可降低游离脂肪酸含量，抑制油脂的降解，减少产品贮存中油脂成分的酸败变味。

### 4. 通风供氧

发酵机好氧发酵功能的目的：一是通过好氧发酵过程让芽孢杆菌等微生物产生更多的蛋白酶、脂肪酶、淀粉酶以及纤维酶等多种消化酶，以提高饲料消化利用率；二是好氧发酵可以消耗游离氧，有利于厌氧环境快速形成，进而促进有益的厌氧微生物乳酸菌的增殖。

## 第二节　BY 型饲料发酵设备主要部件

### 一、发酵罐

发酵罐呈"B"字形双罐并列卧式排列，罐壁为双层分隔式中空结构，作为加热风源流动、传递的螺旋式循环通道，以利热能传导（图 3-2）。罐壁中采用空心龙骨架作为承重的支撑筋骨。罐体内外则敷设不锈钢板形成完整的罐体，其外还铺设双层保温隔热材料以利保温节能。

单个发酵罐容积 5.8 立方米。罐体宽度以总容量、驱动扭矩为基础，设备最大总宽度为 2200 毫米，罐体内空总宽度控制在 2000 毫米，两个并列罐体分别为 Φ1000＋Φ1000 毫米。由于罐体越长对主轴的要求越高，为了保证加工空间和效率，根据总容量要求和横断面大小确定罐体长度为 3000 毫米。

图 3-2　发酵罐
①—发酵罐；②—密封盖；③—机座

## 二、搅拌器

搅拌器是发酵罐的重要部件，由搅拌轴、支撑杆和搅拌刀片三部分组成（图 3-3）。

### 1. 搅拌轴

搅拌轴［图 3-3（a）］是从驱动装置传递扭矩到支撑杆及刀片［图3-3（b）］的扭力动力部件。由于搅拌轴的驱动力扭矩是由搅拌器在物料中旋转所产生的，其受力比较复杂。搅拌过程是通过刀片的旋转向搅拌槽内输入机械能，进而使物料获得适宜的流动状态，从而实现动能、热能的传递过程。

### 2. 支撑杆

支撑杆是连接搅拌主轴与搅拌刀片的中间支撑部件，其作用是支撑刀片和传递机械动能，也对物料有一定剪切作用。支撑杆数量与搅拌刀片数相等，其多少决定了搅拌效率与搅拌工作阻力大小。

### 3. 搅拌刀片

刀片是搅拌器的核心部件。发酵机对物料的剪切、碾压、撕扯、搓揉等破解功能都必须由刀片来完成，同时驱动阻力也来源于刀片。以现有的六平直叶圆盘涡轮搅拌器为基础，依照摆线设计和螺线设计原理，刀片设计了两条外缘曲线，以使搅拌和破碎功效最佳、驱动功耗最小。

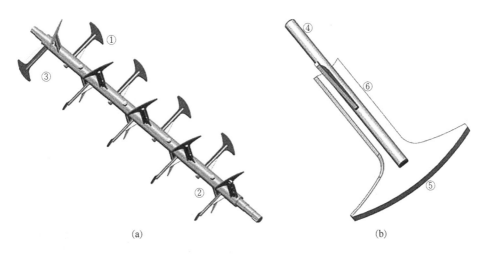

(a)                                    (b)

图 3-3 搅拌器（a）和刀片（b）

①—正搅拌刀片；②—搅拌轴；③—反搅拌刀片；
④—刀片支杆；⑤—刀片圆弧刃口；⑥—刀片直刃口

## 三、驱动装置

发酵设备的驱动装置由 2 个电动机、2 个减速机与 4 个皮带轮组成。其作用是为两个搅拌器提供驱动动能。单台搅拌器扭矩约为 5000 牛顿·米。

## 四、供热装置

发酵设备配置了外源加热装置，其作用一是对物料进行加热，利用高温杀灭物料中携带的病原微生物和虫卵，避免致病菌和虫卵随着饲料进入动物体内而危害动物健康。供热装置分为外置生物质颗粒热风炉（图 3-4）和电加热器（图 3-6）两种形式。

**1. 外置生物质颗粒热风炉**

热风炉采用流化燃烧技术，燃料经喂料器均匀地送入炉膛流化板上，鼓风机将高压风从下部的多孔风帽栅板射入正在燃烧的燃料中，形成"气垫"托起燃料呈流化态燃烧。这种燃烧方式下，颗粒与空气接触面积大，且相对运动速度高、燃烧快，颗粒燃料能充分燃烧。

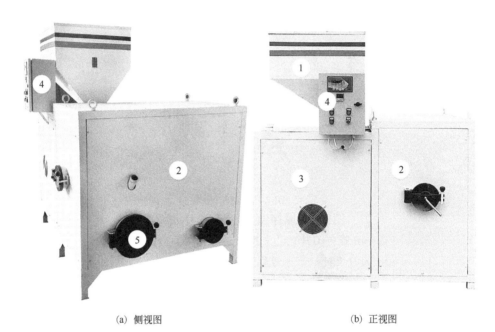

(a) 侧视图       (b) 正视图

图 3-4　生物质颗粒热风炉
①—燃料储存斗与给料装置；②—燃烧炉膛主体；
③—风机；④—点火装置；⑤—除尘器

生物质颗粒是一种新型燃料，由农作物秸秆、木屑等农林产业废弃物通过机械压制成型的一种用于燃烧的颗粒材料（图 3-5）。外形为圆柱状，直径为 8～10 毫米，长度为 10～40 毫米。产品的破碎率约为 2.0%，产品的含水率在 10% 左右，密度 0.9～1.4 克/厘米$^3$。生物质颗粒的热值一般为3000~4500千卡/千克（1千卡≈4.186千焦），其燃烧时烟气中的硫含量≤0.07％，氮含量≤0.5％。生物质颗粒燃料的优点：①发热量大，木本源的发热量为3900~4800千卡/千克，草本源的发热量为3000~4200千卡/千克；②纯度高，生物质颗粒炭含量75％~85％，灰分3％~6％；③燃烧时产生有害气体少；④便于自动化控制，生物质颗粒的均匀粒状形态方便了自动加料，燃料的添加量和热风的温度可以灵活控制；⑤操作简单。第一步：开机准备，加好点火用柴油，清理炉膛（每班清理一次）；第二步：添加生物质颗粒；第三步：开机（为一键式启动）。

图3-5　生物质颗粒燃料

## 2. 电加热器

（1）结构　电加热系统主要由发热管（图3-6）、风机、配电箱、温控仪表等部分组成。由电热管产生的热源在高压风力作用下沿螺旋循环风道，对发酵罐底部以辐射、传导、扩散形式加热。

发热管采用304不锈钢，发热件采用镍铬丝，单管展开总长度为3.5米，15千瓦/根，3根总功率45千瓦，升温速度≥0.45℃/分钟。

全密封高速高温高压 4 号（3 千瓦）风机，驱动发热管内的高压热风沿罐体夹层螺旋风道进行循环流动。温度控制仪采用数字校正系统精准控制，误差小，温度上下限数值可以任意设定，可对炉底发热管进行监控和实行限温过载保护。

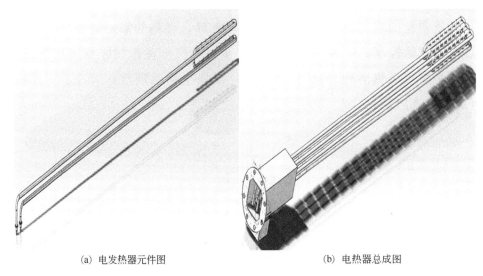

(a) 电发热器元件图        (b) 电热器总成图

图 3-6　电加热器

（2）电加热器配套风机结构与特点　风机主要由叶轮、机壳、进风口、电机、连接器、散热风叶等部分组成。具有以下特点：一是 WJYJ型风机叶轮为 12 片叶片，属前弯型，材料由导热性好、热膨胀性低的钢材制造，并经严格的动、静平衡校正，使其运转平稳且无噪声；二是进风口采用收敛流线型减涡形式，气流损失较小，风机的工作效率高；三是风机机壳与电机以特制的金属联轴器连接，联轴器上安装散热风叶，对联轴器进行风冷降温，确保电机在高温下能正常运行；四是电机采用特殊高温电机，风机流体部分采用耐温材料，降温结构性能可靠。

## 五、供氧装置

供氧装置由高压风机与风管组成，为饲料好氧发酵阶段提供氧气来

源。每分钟供风量为 0.2～0.5 立方米，保证罐体内气体中的含氧量在
8%～15%。风机与搅拌器同步运行，即搅拌器运行时风机开启。

## 六、控制模块

发酵设备自动运行的指令由控制模块控制（图 3-7～图 3-9）。如搅
拌器的运行与停歇、加热系统的温度控制与温度检测、氧气浓度检测和
氧气供应量等都是由控制系统来完成。

图 3-7　触屏式控制面板

## 七、输送装置

输送装置由预混进料斗、上料机和出料机组成，承担发酵工艺过程
中物料的转运任务。

（1）预混进料斗由料斗和绞龙组成（图 3-10），具有装料预先混合
送料功能，对物料进行初步混合并将物料推送至上料机入口。

（2）上料机由机身机架、驱动装置、挂板链条、刮料板构成，将预
混绞龙送来的物料提升传送到发酵罐内。

（3）出料机分为链条刮板型和螺旋绞龙型两种。链条刮板型出料机由机身机架、驱动装置、刮板链条、刮料板等构成；螺旋绞龙型出料机由"U"形机身、驱动装置、送料绞龙等构成（图 3-11）。出料机的作用是将好氧发酵后的物料转送至厌氧发酵储存容器。

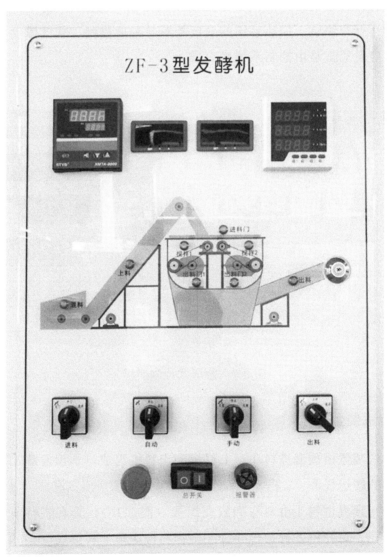

图 3-8　旋钮式操作面板

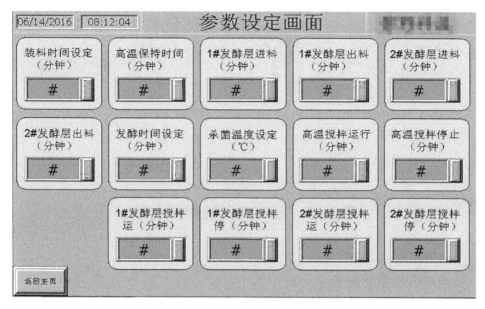

图 3-9　发酵设备参数设定面板

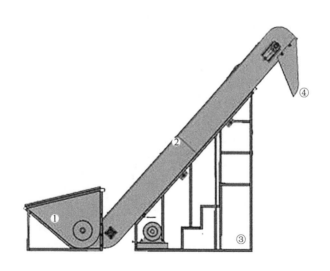

图 3-10　预混进料斗
①—进料斗；②—提升输送机；③—机架；④—出料口

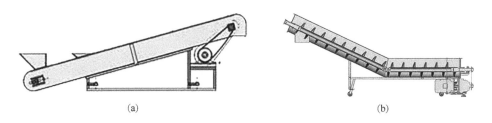

(a)          (b)

图 3-11　螺旋绞龙型出料机

# 第三节　BY 系列饲料发酵机

## 一、11JS-6 型发酵机

该型号发酵机由 1 个发酵罐、2 个搅拌器、2 套驱动装置、1 套供热装置、1 套供氧装置、1 套输送装置和控制模块等组成（图 3-12，表 3-1）。日生产发酵饲料 3 吨，适用于中小型养殖场。

图 3-12　11JS-6 型发酵机

表 3-1 11JS-6 型发酵机参数 (执行标准 DB43/T 1225—2016)

| 项目 | 指标 | 项目 | 指标 |
|---|---|---|---|
| 外形尺寸/毫米 (长×宽×高) | 7250×6360×2730 | 环境温度/℃ | −5～40 |
| 主机重量/千克 | 2960 | 物料温度/℃ | 0～80 |
| 罐体容积/米³ | 6 | 热源温度/℃ | ≥150 |
| 总功率/千瓦 | 20 | 转速/(转/分钟) | 10 |
| 电压/伏 | 380 | 处理能力/(吨/天) | ≥3 |
| 电流/安 | 40 | | |

## 二、11JS-18 型发酵机

该型号发酵机由 3 个发酵罐、6 个搅拌器、6 套驱动装置、1 套供热装置、1 套供氧装置、1 套输送装置和控制模块等组成 (图 3-13,表 3-2)。日生产发酵饲料 10 吨,适用于中大型养殖场。

图 3-13 11JS-18 型发酵机

表 3-2　11JS-18 型发酵机参数（执行标准 DB43/T 1225—2016）

| 项目 | 指标 | 项目 | 指标 |
|---|---|---|---|
| 外形尺寸<br>/毫米（长×宽×高） | 8030×7680×3760 | 环境温度/℃ | −5～40 |
| 主机重量/千克 | 7760 | 物料温度/℃ | 0～80 |
| 罐体容积/米³ | 18 | 热源温度/℃ | ≥150 |
| 总功率/千瓦 | 40 | 转速/（转/分钟） | 10 |
| 电压/伏 | 380 | 处理能力/（吨/天） | ≥10 |
| 电流/安 | 80 | | |

# 第四节　配套设备

BY 型饲料发酵机配套设备由揉丝机、搅拌机、包装机、厌氧发酵容器等组成，可以实现发酵饲料工厂化规模连续生产。配套设备的型号与规格如下。

## 一、秸秆揉丝机

秸秆种类多，理化性质和加工特性各异。秸秆揉丝机具备对不同的鲜嫩度、软硬度和水分含量等秸秆，如稻草、麻类、玉米秸、麦秸、花生秧、地瓜秧，以及桑树枝、构树枝等进行粉碎、搓揉成纤维丝状物的功能，以满足不同家畜对秸秆发酵饲料的细度要求。

该机主要由喂料皮带、旋刀、撞击牙条、出料拔片、上下机体、转子、出料口调节器、电机、输送带等部件组成（图 3-14，表 3-3）。

**表 3-3　秸秆揉丝机参数（执行标准 NY/T 509—2002）**

| 项目 | 指标 | 项目 | 指标 |
|---|---|---|---|
| 外形尺寸<br>/毫米（长×宽×高） | 3688×1130×1500 | 转子主轴转<br>/（转/分钟） | 2600 |
| 粉碎机动力/千瓦 | Y160L-4-37 | 揉丝长度/毫米 | 10～180 |
| 送料机动力/千瓦 | YWD4-9-2.2 | 秸秆丝化率/% | ≥90（玉米秸秆） |
| 工作电压/伏 | 380 | 生产率/（吨/时） | ≥2（秸秆含水率<br>14%～22%） |

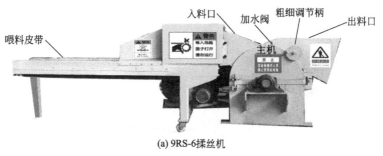

喂料皮带　入料口　加水阀　粗细调节柄　出料口　主机

(a) 9RS-6揉丝机

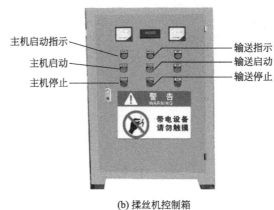

主机启动指示　输送指示
主机启动　输送启动
主机停止　输送停止

(b) 揉丝机控制箱

图 3-14　秸秆揉丝机

　　物料通过喂料皮带进入揉丝机，在特制高速旋刀和固定撞击牙条的作用下，多级工作以完成秸秆切断、破碎和丝化全过程。在旋刀离心力和轴向风力作用下，丝状物料从进口逐级移动至出料口，再经风力作用输送到集料间内。配用动力 30～45 千瓦，每小时产量 3 吨左右。

　　该揉丝机特点：一是粉碎效果好，可以将秸秆精细破碎成丝状纤维物（图 3-15），而不是传统粉碎机只将秸秆切短切细（见实物对照图 3-16）；二是适用性强，不论是干湿、粗细、软硬秸秆均可加工；三是机械性能稳定，由于本机设有过载自动停止进料的保护功能，加之没有安装筛板，故不会出现卡机死机问题。

图 3-15　玉米秸秆加工前后的情形

(a) 传统粉碎机粉碎的构树粉碎料

(b)秸秆揉丝机粉碎的构树粉碎料

图 3-16 使用不同粉碎机的构树粉碎料

## 二、包装机

包装机是用于发酵饲料灌包、计量、封包的一种专用设备，由物料缓存斗、送料灌装、称重计量、包装封口、水平运送等部分组成（图 3-17）。该设备可用于干湿料灌包，下料均匀，称量准确。

图 3-17　BY 系列饲料发酵机包装机

## 三、厌氧发酵容器与包装

物料从发酵机出来以后应立即进行密封以避免杂菌感染，以利进行下一步的厌氧发酵（图 3-18）。用于厌氧发酵的容器或包装袋的必要条件是密封严密，尽可能使得发酵物料与空气隔离。常用容器有发酵池、发酵罐、发酵缸、发酵桶（如图 3-19），以及吨袋（如图 3-20）、塑料发酵袋（如图 3-21）等。前 3 种容器成本低廉，但因其中的发酵饲料不便远距离搬运，只能应用于现场制作、现场喂养的小型养殖场所。发酵饲料生产企业一般采用与包装机配套的塑料发酵袋。这种袋子设有单向通气孔，即袋子里面的气体可以对外排放，而外面的空气不能进入袋中。这样满足了发酵饲料前期产出的 $CO_2$ 气体可以自动排出的需求。此外，袋装饲料一般每包只有 30～40 千克，可以方便储存与搬运。而发酵缸和发酵桶则可适应人工灌包和叉车转运的需求。

图 3-18　包装后的发酵饲料正在进行厌氧发酵

图 3-19　400L 塑料发酵桶

图 3-20    用于厌氧发酵的吨袋

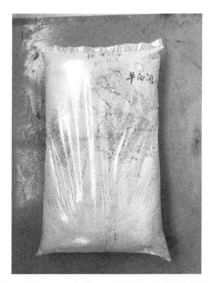

图 3-21    40 升带单向阀的塑料发酵袋

# 第四章
# 秸秆发酵饲料精加工技术

秸秆发酵饲料精加工技术就是应用现代发酵设备以及在发酵物料中接种一定量的特定的有益微生物菌种，通过机械的物理作用和微生物活动及其产生的酶类物质对秸秆进行深度发酵和酶解，使得秸秆中部分大分子化学成分物质转化为动物可以利用的糖类、脂类、肽类等小分子物质，同时减少秸秆中的抗营养因子，最终使秸秆变成消化利用率高、营养价值高、适口性好、商品性好的一种秸秆生物处理技术。

## 第一节　秸秆发酵饲料的作用与意义

我国是一个农业大国，秸秆资源十分丰富。秸秆作为一种非竞争性资源，具有数量大、分布广、种类多和价格低廉等优势。农作物秸秆年产量7亿~8亿吨，稻草、玉米秸秆和小麦秸秆是我国三大农作物秸秆。

集约、高效、科学合理利用秸秆资源，是种养结合和优化畜牧业结构的节粮工程，改良土壤和提升耕地质量的沃土工程，改善农村卫生条件和减轻大气污染的环保工程，节能减排和建设资源节约型社会的能源工程，增加农民收入和脱贫致富的富民工程以及实现农业可持续发展的生态工程。

随着微生物发酵技术的进步和发酵工艺的日趋完善，发酵饲料受到行业的极大关注，成为当前畜牧饲料领域研究的热点。发展秸秆发酵饲料加工的意义体现在如下几方面。

**1. 扩大饲料资源**

饲料资源短缺且价格波动大，是制约我国饲料与畜牧业发展的瓶颈。农作物秸秆在自然条件下大多是一种粗纤维含量高，蛋白质含量低，养分消化率低，质地粗硬，适口性差，营养价值较低的粗饲料。如稻草、玉米秸秆、油菜秸秆、小麦秸秆、甘（木）薯藤和渣、花生秧（壳）等农作物秸秆和饼粕，以及干湿蔬菜的剩余物、皇竹草等牧草、狐尾藻等水草、构树等可饲用的园林作物，五倍子等中药材等可饲用的植物源材料，都可以作为发酵饲料的原材料。这些粗饲料经过微生物发酵酶解作用，蛋白质含量提高，粗纤维含量降低，适口性提高，提高了秸秆饲料的饲用价值。微生物发酵有助于非常规饲料资源的开发利用，扩大饲料资源，节省饲料用粮。

**2. 提高饲料利用率**

秸秆发酵过程中，在微生物及其产生的消化酶作用下，复杂的大分子有机物分解为动物容易消化吸收的单糖、双糖和氨基酸等小分子物质，并可显著减少植物性原料中非淀粉多糖、植酸、单宁及抗原蛋白等抗营养因子，还会产生并积累大量的微生物菌体蛋白以及有用的代谢产物，从而提高秸秆的消化利用率和营养价值。实践表明，用发酵后的秸秆喂牛与未经过发酵处理的秸秆相比，稻草、玉米秸秆和小麦秸秆的消化率均可提高 50% 左右。

**3. 改善饲料的适口性**

秸秆通过丝化和发酵处理，质地变得柔软蓬松。同时，秸秆经微生物发酵后产生的多种不饱和脂肪酸或芳香酸，使秸秆发酵饲料产品酸香味浓厚，口感极佳。改善适口性后，可明显刺激动物食欲，提高采食量。发酵秸秆与未经过发酵处理的秸秆相比，动物采食量提高

$20\%\sim40\%$。

### 4. 降低有毒有害物质含量

秸秆长时间暴露在空气中会滋生细菌，导致发霉变质，产生有毒有害物质。秸秆在深度发酵过程中大量的有害菌被杀死，有益微生物的代谢产物也可以降低饲料中毒素含量，某些乳酸杆菌可以抑制霉菌的生长和产毒，酯化葡甘露聚糖对黄曲霉素有一定的消减脱毒作用等。微生物发酵能降低秸秆饲料中有毒有害物质含量，提高饲料的安全性，有利于保障畜产品的食用安全。

### 5. 维持动物肠道微生态平衡

发酵饲料中含有大量的有益微生物，随饲料进入动物消化道，通过竞争性作用阻止有害微生物在肠黏膜附着繁殖。发酵过程中乳酸菌产生的乳酸形成酸性环境，又可抑制消化道内病原菌的生长和繁殖。益生菌代谢产生的细菌素、抗菌肽类物质能抑制大肠杆菌、金黄色葡萄球菌、沙门氏菌等有害菌的繁殖，从而维持肠道微生态平衡，确保动物健康生长。

### 6. 提高动物机体免疫力

发酵饲料中的核苷酸和壳聚糖等是可促进免疫器官发育的成分，能激发动物机体的细胞免疫和体液免疫以及抗菌肽等活性，增强动物机体免疫力。有益微生物作为一种非特异性免疫调节因子，也能刺激动物的免疫力，增强胃肠道的免疫功能，提高动物健康水平，使其不得病或少得病，降低发病率和死淘率，并能提高动物因转群、疫苗接种、气温剧变等造成的机体抗应激能力。

### 7. 降低饲养成本

秸秆资源丰富，价格便宜。通过微生物发酵处理，可改善适口性，增加蛋白质含量，降低粗纤维含量，提高消化率和营养价值，能替代部分牧草和精料，以最小的投入换取最大的利益。据报道，在日粮中添加玉米秸秆粉发酵饲料，可减少$50\%$左右的蛋白质饲料用量，从而降低饲养成本。每吨秸秆发酵饲料使用的发酵活菌剂成本仅为尿素氨化的20％左右，两者效果基本相同。

### 8. 改善畜产品品质

随着人们生活水平的提高，无抗绿色安全食品越来越受到消费者的欢迎。发酵饲料通过有益微生物能改善动物肠道健康，提高机体免疫力，保障健康生长，以减少或替代抗生素的使用。发酵饲料不含任何抗生素和其他药物，可生产绿色畜产品，降低畜产品食用安全风险。同时通过充分吸收利用饲料原料中营养物质及原料中的天然色素，能增加动物产品着色和食用风味。

### 9. 改善养殖环境

饲料发酵可使饲料中营养物质得到充分的消化吸收利用，可减少粪便中氮、磷等的排泄量。益生菌产生的有害物质降解酶，可减少肠道中游离氨（胺）及吲哚等有害物质的含量。随粪便排出的益生菌可继续分解粪便中的残余有机物，可使畜舍内氨气、硫化氢以及粪臭素的含量明显减少，降低氨臭对动物呼吸道黏膜的刺激，减少呼吸道疾病的发生，使养殖环境显著改善，动物福利得以提高。

### 10. 四季加工、常年使用

发酵饲料制作的时间长，不与农业争劳力，不误农时和农事，干、湿秸秆都可发酵处理。南方一年四季均可制作秸秆发酵饲料，北方除冬季外，春、夏、秋季都可制作秸秆发酵饲料。秸秆发酵后产生大量有机酸，这些有机酸具有很强的抑菌杀菌作用，饲料不易发霉腐败，从而能长期保存。

总之，秸秆发酵饲料具有营养丰富、适口性好、消化率高、安全性好、制作时间长、保存期长、不争农时、制作简单等特点。它部分消除了青贮饲料受季节限制，局限于新鲜秸秆、饲料中有益菌单一、蛋白质含量低、取料时处理不当易造成二次发酵而使饲料发霉变质的弊端，也部分消除了秸秆氨化成本较高、喂量大时易引起氨中毒、适口性较差、与农业争肥等氨化的不足。秸秆发酵饲料成为当前最具应用潜力和发展前景的秸秆饲料化生产技术。

## 第二节　秸秆发酵原理

秸秆发酵是一个复杂的微生物活动和生物化学过程。微生物处理秸秆的基本原理是在秸秆饲料中加入高活性菌种，在适宜温度、湿度和密闭的厌氧条件下，使得有益微生物大量繁殖，分泌出各种生物酶，在有益菌、生物酶等代谢产物的作用下，一方面破坏秸秆中难以消化的细胞壁结构，使与木质素交联在一起的纤维素和半纤维素游离出来；另一方面又使秸秆细胞壁内可利用的营养物质释放出来，增加与消化液接触的机会，从而提高秸秆的消化利用率。同时，菌体自身的繁殖生长又增加了大量菌体蛋白质。秸秆粗纤维中的纤维素和半纤维素等大分子碳水化合物降解为小分子的单糖或多糖，继而又被转化成乳酸和挥发性脂肪酸，使 pH 值下降，抑制有害菌的繁殖。经过发酵后的秸秆转化成优质的秸秆发酵饲料，粗蛋白质含量增加，粗纤维含量降低，营养物质的消化率提高，适口性提高，不但提高了秸秆的营养价值，而且不容易发生腐败，可以长期储存。微生物发酵秸秆的作用主要体现在以下几个方面。

（1）秸秆在微生物及其产生的酶和代谢产物的作用下，部分纤维素和半纤维素等被酶解，转化为糖类等小分子物质，微生物自身繁殖又增加了大量菌体蛋白提高了秸秆的营养价值。

（2）秸秆通过机械加工和微生物的作用，变得蓬松和柔软，扩大了秸秆与瘤胃微生物的接触面积，使粗纤维类物质能够更充分地被瘤胃微生物所降解，降低秸秆纤维类物质的含量。

（3）秸秆经发酵处理后，酸香味浓厚，可明显刺激动物食欲。而且秸秆发酵后质均、蓬松、柔软、口感极佳，改善了秸秆发酵饲料的适口性，提高了动物采食量。

（4）含有大量的功能性有益微生物进入动物肠道后，形成优势菌群，抑制有害菌的生长繁殖，增强动物的免疫力和抗病能力。

（5）秸秆发酵饲料 pH 值下降，抑制各种有害微生物活动，秸秆发酵饲料可以长时间保存或作为牲畜越冬的饲粮。

# 第三节　秸秆发酵饲料加工工艺

秸秆原料性质、饲料产品类型、加工设备等因素决定秸秆发酵饲料加工工艺，同时，工艺又决定饲料的生产能力、粉碎粒度、配料精度、混合均匀度、产品质量和生产成本等。

## 一、加工工艺制定依据

### 1. 工艺类型

发酵饲料依据其含水率高低分为液态发酵饲料和固态发酵饲料两种。生产不同种类的发酵饲料需要制定不同的发酵工艺。秸秆发酵饲料制作多采用固态发酵，其加工技术路线为固态发酵工艺。

### 2. 生产能力

依据饲料厂生产能力和养殖场大小规模需求，配备不同生产能力的发酵设备，制定与之相配套的加工工艺。设备年生产能力应为年发酵饲料需求量的 1.5 倍。

### 3. 粉碎程度

秸秆种类、干湿程度、木质化程度不同等，对粉碎机性能的要求不同。要求粉碎机能粉碎干湿秸秆，并能根据饲喂不同动物的要求，将秸秆粉碎成不同长度和细度的丝状物。喂养多胃动物和存放期长的其秸秆的细度宜粗些，单胃动物和存放期短的宜细些。

### 4. 高温灭菌

秸秆饲料原料中难免携带一些有害微生物或虫卵，给发酵饲料带来安全风险，需要对饲料原料进行高温灭菌。精加工工艺中高温灭菌过程一般要求温度高于75℃，时间大于1小时。

### 5. 温度控制

秸秆发酵过程中要添加发酵菌种，不同的菌种适宜的温度不一样，其发酵工艺必须要有温度控制程序，以根据不同的要求控制所需要的温度。一般好氧发酵阶段为55～65℃，厌氧发酵阶段为25～35℃。

### 6. 混合程度

秸秆营养成分含量不能满足家畜的营养需要，需要进行科学配方，在粉碎的秸秆中加入蛋白质、能量饲料、微量元素以及发酵菌种等，要求加工工艺中应有混合工序和均匀度要求。

## 二、加工工艺流程

发酵工艺对发酵结果影响较大，无论采用何种发酵工艺，都应以原料、菌种特点、发酵目的和发酵效果达到最佳点为目标。制定相应的加工工艺和操作规程，做到原料、生产环境、操作程序等的数字化和标准化，确保发酵质量的稳定一致。

微生物发酵工艺有多种形式，根据培养基的物理状态分为液态发酵和固态发酵，根据发酵的连续性可分为分批发酵和连续发酵，根据选用菌种种类多少可分为单一菌种发酵和混合菌种发酵，还有菌酶协同发酵等。

饲料发酵生产工艺可采用多种发酵形式，例如厌氧发酵、固态发酵、液态表面发酵、液态深层发酵、吸附在固体载体表面的膜状发酵以及其他形式的固定化发酵等，目前应用最多的还是按照水分含量的多少分为固态发酵饲料和液态发酵饲料，其发酵工艺可分为固态发酵工艺和液态发酵工艺。秸秆发酵饲料一般采用固态发酵工艺，具体发酵工艺如图 4-1 所示。

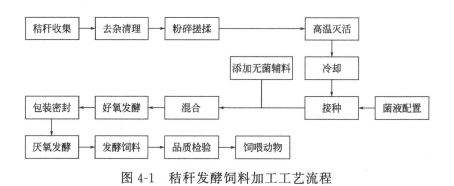

图 4-1　秸秆发酵饲料加工工艺流程

## 第四节　秸秆发酵过程

### 一、有氧发酵过程

秸秆发酵饲料封闭前期，容器内或多或少地存在着氧气，在发酵的最初几天好氧微生物得以生长和繁殖。好氧微生物如细菌、真菌和放线菌等通过自身的生命活动，分解一部分有机物提供微生物自身生长繁殖所需的能量，一部分有机物转化成微生物合成新细胞所需的营养物质。随着好氧微生物的增殖消耗，发酵物料中氧气越来越少，直至容器内氧气消耗尽，则形成厌氧环境，这时好氧微生物停止活动至死亡，厌氧环境为乳酸菌的生长繁殖创造条件，进而进入厌氧发酵阶段。

### 二、厌氧发酵过程

厌氧发酵是指秸秆饲料在厌氧条件下通过微生物的代谢活动而被稳定化，同时伴有甲烷和二氧化碳的产生。厌氧环境条件形成后，乳酸菌迅速繁殖，利用秸秆饲料中的糖类作为底物，转化为有机酸类。当乳酸大量形成后，酸度增大，pH 值下降。当 pH 值下降到 4.2 时，大多数有害菌不能生存，就连乳酸链球菌的活动也受到抑制，只有乳酸杆菌存在。当 pH 值为 3 时，乳酸杆菌也停止活动，乳酸发酵阶段全过程完成。在这种状态下，秸秆发酵处于稳定状态，此时的秸秆发酵饲料则可以保质储存。

## 三、酶解过程

微生物的活动产生了各种酶类，这些酶类能降解秸秆中的纤维素、半纤维素和木质素，形成各种糖类物质等。秸秆的酶解过程比较缓慢，随着微生物繁殖和活性的提高，秸秆纤维类物质被逐步酶解为可溶性糖类物质。在整个酶解过程中，半纤维素最易被降解，而形成较大数量的木糖、阿拉伯胶、葡萄糖、甘露糖和半乳糖。当这些糖类达到一定浓度时，微生物就可以利用这些糖分作为底物发酵产酸而使得发酵物料呈酸性状态。

# 第五节　秸秆发酵菌种选择

饲用微生物菌种在应用时分为直接饲用菌种和发酵饲料接种菌种。直接饲用的菌种以有效活菌数越多越好，而发酵饲料接种的菌种则要求发酵活性越高越好。

## 一、发酵菌种选用原则

最初的饲料发酵多采用单菌种发酵，但是效果不理想。现在多改为复合菌种发酵，对相应的菌种的要求更高。

① 可将纤维素、半纤维素等大分子物质转化为可消化利用的单糖、

双糖等小分子物质。

② 能利用无机氮合成菌体蛋白。

③ 能改善饲料的适口性。

④ 繁殖速度快，发酵分解快。

⑤ 可产生多种消化酶。

⑥ 菌种使用安全，不产生有毒有害物质。

⑦ 菌种耐高温，不容易自溶分解。

⑧ 多菌种混合发酵较单一菌种发酵效果更为显著。

## 二、常用发酵菌种

饲料发酵的菌种很多，主要有乳酸菌、酵母菌、芽孢杆菌和霉菌四种。乳酸菌是无芽孢的革兰氏阳性菌，能够分解糖类产生乳酸，在 pH 值为 3.0～4.5 的酸性环境中仍然能够生存。酵母菌是非丝状的一类真核微生物，一般泛指能发酵糖类的各种单细胞真菌，主要有啤酒酵母、产朊假丝酵母、热带假丝酵母和红酵母等。芽孢杆菌是一种可以产生芽孢的好氧细菌，耐高压、高温、酸碱，生命力极强。目前应用的主要是枯草芽孢杆菌、地衣芽孢杆菌等。霉菌是丝状真菌的统称，嗜酸性环境，分布广泛而且种类繁多，常用于饲料发酵的主要有黑曲霉、米曲霉等。

## 三、影响菌种功效稳定性的因素

影响微生物菌种功效稳定性的因素很多，大致可归纳为三个方面：菌种因素、宿主因素以及外界因素。

### 1. 菌种因素

菌种本身的特性是功效稳定的关键因素，必须保证菌种适应加工条件和在胃肠道内环境中具有较高的活性和繁殖速度，可产生有益的代谢产物，有利于促进动物肠道微生态平衡或预防微生态失调，且无毒无害、无耐药性、无残留等副作用。

菌种的协同作用非常重要，在进行发酵菌种配置时要认真考虑。混合菌种发酵效果优于单菌种发酵效果，两种或两种以上菌种协同发酵，可起到功能互补的作用。但在菌种配伍时要求混合菌种少而精，并要求不同菌种在同一生存环境条件下共生共荣，而不是互相对抗制约，从而保证每株菌都能发挥作用。

### 2. 宿主因素

宿主对菌种功效的影响是多方面的，如不同动物种类、不同生长发育阶段、所需的日粮成分与营养水平、是否应激环境条件等，对所用发酵菌种的种类、数量和使用方法均有不同的要求，因此，在生产实际中，为了稳定发挥菌种的功效，宿主因素必须引起重视。

### 3. 外界因素

如外界气候环境、加工工艺、发酵基料、保存方法、使用方法、使用量等因素也会影响菌种的应用功效。

## 四、选择菌种应注意的问题

### 1. 菌种的安全性

发酵菌种必须符合安全的原则，只有安全性好的菌种才能作为发酵菌种。选用菌种要经过系统的安全性、毒理学实验并经过权威机构鉴定，避免安全隐患。菌种不能产生有毒有害物质，不能危害环境固有的生态平衡。发酵菌种应当符合农业农村部《饲料添加剂品种目录》中规定的可以在饲料以及饲料添加剂中使用的微生物菌株。

### 2. 菌种的针对性

动物体内菌群具有多样性，而菌体对宿主又具有一定的特异性，动物在不同生理阶段，所需菌种和数量也不尽相同。要充分了解菌种的性能和作用点。例如，提高饲料利用率、促进动物生长、提高生产性能，可选择产消化酶多的菌种，如芽孢杆菌等益生菌；幼龄动物阶段肠道菌群尚未建立，需要大量原籍菌（如乳酸杆菌、双歧杆菌）在肠道定植、快速建立优势菌群和微生态平衡；免疫力下降则需要增强免疫力和抗感染类菌群。

### 3. 菌种的适应性

选择的菌种必须能在动物肠道内存活，能适应肠道内环境条件，有很好的生长代谢活力，能在适宜的条件下快速生长繁殖，能有效降解大分子物质和抗营养因子。

### 4. 菌种的添加量

单位体积内的活菌数必须足够，只有活菌数量达到一定的量时，才能保证其存活和发酵作用。添加量并不是越多越好，其使用量依据菌种的特点及使用对象不同而不同，一般添加量为 1‰～2‰。

### 5. 菌种的活菌数

在发酵或储存过程中保持菌种的活性状态，是决定微生物作用效果的关键因素，要根据不同菌种制定发酵后菌体保护方法，选择适宜的保存条件。同时应避免与抗菌类药物饲料添加剂的合用。

## 第六节　秸秆发酵饲料加工方法

### 一、菌种活化与菌液配制

在开始生产秸秆发酵饲料前，要准备好发酵菌剂。用于生产秸秆发酵饲料的菌剂分为液体菌剂和固体菌剂。液体菌剂一般都为新鲜制备的发酵液，其发酵活性要好于固体菌剂，但需要配备液体发酵设备，前期投入较大。固体菌剂的优势在于使用方便，对设备的要求不高。秸秆发酵多采用固体菌剂，但在与原料混合前需要对菌剂进行活化。

商品化菌种，微生物处于休眠状态，在使用前需要活化。菌种活化是将保存状态的菌种放入适宜的培养液中，让其处于增殖状态，并使菌种逐渐适应培养环境，获得纯而活力旺盛和数量足够的菌液。菌种的活化过程是用纯净水，加入红糖加水烧开溶解，配制成含糖量为10%的糖液，再冷却至30～40℃，加入菌种使其复活，拌匀后放置2小时即可使用，活化好的菌种当天要用完。

## 二、原料准备

各种农作物秸秆、尾菜、干草、嫩枝树叶等均可用作生产发酵饲料的原料。在收集原料时，须认真挑选，去除泥土及其杂物，选择没有发霉变质和污染的秸秆，尽量保持秸秆的新鲜和干净，以确保原料的质量。最好是当年的新鲜秸秆，保存1～2年的干秸秆如果没有发霉变质和污染也可用于生产秸秆发酵饲料。饲养不同家畜选择不同的秸秆原料。食草性动物牛羊等可利用玉米秸秆、稻草、小麦秸秆等低营养、粗纤维含量高等秸秆原料；单胃动物可选择营养相对较高、粗纤维含量相对较低的花生藤、红薯藤、尾菜等秸秆为原料。

## 三、秸秆粉碎搓揉

通过专用的秸秆揉丝机将农作物秸秆粉碎或破碎成纤维状细丝，实现适当细化和搓揉软化（详见图3-14、图3-15）。一是有利于原料减容、压实和排除空气，尽快创造乳酸菌等厌氧微生物繁殖的适宜环境；二是秸秆适当细化后增加秸秆与微生物的接触面积，促进微生物对秸秆的分解作用，提高秸秆饲料的转化率；三是秸秆在搓揉细化的同时也得到软化，提高了秸秆饲料的适口性。用于生产牛发酵饲料的秸秆粉碎长度5～8厘米，生产羊秸秆发酵饲料的长度3～5厘米。在制作猪用、家禽用发酵饲料时要求秸秆充分粉碎成粉末状，最好是鲜嫩的秸秆，如红薯藤、花生藤、尾菜等。秸秆粉碎细化操作现场如图4-2所示。

图 4-2　秸秆粉碎细化

## 四、高温消毒

将粉碎好的物料放入发酵机内，加入适量的水分（初始水分60%～70%），启动加热系统对物料进行高温（75℃以上）60分钟杀菌与适当熟化处理（图4-3）。一是杀灭或抑制秸秆原料中杂菌和虫卵，保障秸秆

图 4-3　高温消毒

原料的质量安全；二是降解秸秆饲料中的抗营养因子，提高饲料的利用率。温度和保持时间视秸秆的质量而定。如果不是当年的新鲜秸秆，温度升至 75～80℃，保持 60 分钟；质量好的当年新鲜秸秆温度升至 70～75℃，保持 30 分钟即可。发酵机保持间歇搅拌状态。

## 五、水分调节

根据动物营养需要，按饲料配方加入能量、蛋白质饲料和饲料添加剂等辅料，新鲜植物原料的水分高可利用干的常规性饲料来吸水，可将 65%～70% 的初始水分降至 50%～55%（用手紧握物料，指缝见水不滴水，手掌有水迹象为宜）。如果通过按配方添加干辅料调水还是水多的话，则可再增加干料或打开发酵机上盖在搅拌过程中使水分蒸发；如果太干则应加水使含水量调节至理想状态。

## 六、菌种添加

将发酵机内物料温度降至 50～60℃，随即按物料重量的千分之一的比例加入调制好的好氧微生物菌剂进行好氧发酵 2～3 小时，其主要目的是利用好氧微生物产生多种消化酶，促进秸秆饲料中粗纤维、蛋白质、脂肪等养分的转化利用。好氧发酵过程完成后，再按千分之一的比例加入调制好的厌氧微生物菌剂，与原料搅拌至均匀即可出料。

## 七、出料包装

当物料温度降至 40℃ 以内，即可出料装入有密封设施和单向排气功能的桶、袋、缸、罐等容器中。此时，要求边装料边压实，尽量排出容器中的空气，然后将袋口扎紧密封，防止空气进入，随后进行下一工序。

## 八、厌氧发酵

包装密封后的容器应存放于阴凉干燥处进行厌氧发酵（图 4-4），一般 14～21 天即可饲喂动物。厌氧发酵时间长短视气温而定，温度高发酵快，温度低发酵慢。秸秆粒度大小也直接影响发酵速度。切忌在阳光下暴晒，否则影响有益菌活力和酶的活性。

图 4-4　厌氧发酵

## 九、质量评价

优质的秸秆发酵饲料的感观是：色泽均一，微黄，气味浓厚酸香；手感柔软湿润，无臭、无霉，无杂菌。

（1）看——优质秸秆发酵饲料呈原色或浅黄色。如变黑褐色，有霉烂和结块，则质量差。

（2）闻——气味具有醇香味和酸香味为佳。如有强酸味表明乙酸过多，为水分过多或高温所致。如有腐臭的丁酸味、霉味等则不能饲喂，这是由于密封不严导致的腐败。

（3）手感——优质发酵饲料手感松散，质地柔软湿润。手感发黏说明开始霉烂。有的虽松散，但干燥粗硬，也属于不良饲料，多为水分偏低所致。

## 第七节　秸秆发酵饲料加工成功的条件

秸秆发酵饲料加工成功的主要条件是菌种、温度、湿度适宜和厌氧等。如果有了好的菌种，又处在最适宜的温度和湿度范围内，生产过程中又能使发酵容器内尽快形成厌氧环境，乳酸菌能快速生长和繁殖，就能生产出优质的秸秆发酵饲料。

### 1. 适宜的菌种

微生物菌种的选择、组合是秸秆发酵处理的一大难点，也是秸秆生物转化效率最重要的因素之一。一是要添加高效活性菌种；二是菌种在组合上应该包括纤维物质分解菌、氮素转化菌、酸香风味菌以及多种产酶菌等。利用各种微生物菌种的特点特性来优化组合，并不是将具有以上功能的菌种任意凑合在一起，必须注意不同菌种之间的协同性、互补性，总体上要能发挥组合后的正效应。

### 2. 厌氧环境

秸秆发酵主要过程必须在厌氧环境下进行。因此发酵饲料装袋密封后，原料中氧气含量越少，有氧发酵时间越短，就越不会发生腐败霉烂，秸秆发酵饲料就越容易加工成功。所以在装填时，一定要装紧压实，尽可能地排除容器内的空气形成厌氧环境，并注重密封严格不漏气。

### 3. 可溶性糖分

为保证乳酸菌的大量繁殖，产生足量的乳酸，原料中必须有足够数量的可溶性糖分。若原料中可溶性糖分很少，即使其他条件都具备，也不能制成优质的发酵饲料。可溶性糖分除来源于原料中的可溶性碳水化合物外，其余的主要来自微生物发酵过程中所分泌的酶类对秸秆纤维物质的降解产物。如发酵秸秆的品质较差，其最初的降解产物并不能满足发酵微生物迅速生长繁殖的需要，在这种发酵秸秆原料中应加入碳水化合物如玉米粉或白糖等作为发酵的启动因子。

### 4. 适宜温度

温度对发酵有很大的影响。在发酵过程中需要维持适当的温度才能使菌体正常生长繁殖，微生物发酵所用的菌种大多数适宜生长的温度一般在 28～37℃，气温一般在 10～40℃的范围内容易成功。因此，在冬季应注意发酵场所的保温防冻。

### 5. 含水量

秸秆发酵时一定要保证适宜的湿度。水分过多过少均不容易成功。一般要求初始水分含量为 60%～70%，从发酵机出料时的最终水分控制在 55%～60%比较好。不同的秸秆发酵水分含量稍有不同。物料过干容易出现霉烂变质。

### 6. pH 值

厌氧条件下乳酸菌大量繁殖并产生乳酸，pH 值降低能抑制有害微生物生长繁殖。当发酵饲料中 pH 值为 4.2 以下时，才可抑制有害微生物活动。采用植物乳杆菌 SCUEC6 菌株发酵时其 pH 值可以达到 3.0，则有更好的抑菌防霉效果。

## 第八节　饲喂秸秆发酵饲料需要注意的问题

### 1. 添加量要循序渐进

饲喂发酵饲料时一定要循序渐进，添加量应由少到多，逐渐增加。特别提醒，发酵饲料不能全部替代全价饲料。一般小型动物最大添加量 10%～20%，中型动物 20%～30%，大型动物 30%～60%。在实际饲养中发酵饲料的添加量要根据不同品种、不同生长阶段以及动物的适口性和生长速度进行适当调整。

### 2. 保障秸秆发酵饲料的质量

发酵饲料如果酸度过大，动物适口性差时可以在发酵饲料中添加1‰～2‰小苏打。发酵好的饲料有醇香味，如酒香味太浓，不要喂怀孕的动物，以防流产。发酵饲料不能有氨味、霉味，更不能有刺鼻的酸臭味，如果出现有发黑等变质的绝对不要饲喂家畜，可以用作肥料，即使重新煮沸也不可饲喂动物。

### 3. 注意产生的副作用

第一次使用发酵饲料可能会出现零星或者短时间的腹泻，这些都属于正常现象。可以通过适当减少发酵饲料和添加中药防痢疾的药物进行调整。一般在连续使用发酵饲料一周后会发现动物的消化率大大提高，粪便变松软而且量变少，栏舍的氨臭味大大减低。

### 4. 进行合理配比

秸秆发酵饲料由于营养比较单一，应根据饲料配方添加适当的能量饲料、蛋白饲料和预混料来调节营养配比，使动物达到最佳的饲喂效果和生长速度。能量饲料、蛋白饲料和预混料可以在发酵前添加，也可以在发酵后饲喂前加入。

### 5. 开封后一次性用完

发酵好的饲料包装开启后建议在7天内一次性用完，不宜长时间保存。每次使用完发酵饲料后要注意继续进行密封保存。

### 6. 不要与抗生素同时使用

发酵饲料最好不要与抗生素同时使用，但可低剂量混用。饲喂发酵饲料不影响正常的动物免疫。动物发生疾病使用大剂量抗生素药物时，建议错开使用或暂停使用发酵饲料。

### 7. 注意保存环境

应在室温下、通风阴凉干燥处防潮避光保存。发酵好的秸秆饲料要盖好，防止阳光直射。

## 第九节　秸秆发酵饲料参考配方示例

饲料配方决定饲料成本、饲养效果和饲养成本，饲料原料的质量又决定配方的质量，要充分利用当地的地源性饲料资源，配制出饲养效果好和成本低的秸秆发酵饲料产品。

### 一、牛羊秸秆发酵饲料配方

牛羊属于反刍动物，主要以粗饲料为主，但单靠粗饲料不能满足其营养需要，需要补充精饲料。饲料营养是否全面，直接影响其生长发育。精饲料包括能量饲料、蛋白质饲料、微量元素和维生素等。精饲料配比中的能量饲料主要有玉米、高粱、小麦和麦麸等，以补充生长所需的能量，占精饲料部分的 60%～70%；蛋白质饲料主要有豆粕、菜粕、棉籽粕、花生粕等，以提供动物生长所需的蛋白质，占精饲料部分的 20%～25%；复合预混料常见的配合比例一般为 1%～4%等多种规格，主要补充微量元素等。不同比例的复合预混料所含成分有所不同，有的复合预混料中包括小苏打等成分，有的没有需要另外添加；食盐也是所需的矿物质，有的复合预混料中有添加，有的需喂养时另外添加。精饲料配方的种类组成和配比要以所用粗饲料的种类和养分含量为依据。

粗饲料的配比除根据精饲料的养分含量外，还应根据粗饲料的种类以及养分含量来进行搭配。如不同秸秆养分含量不同，同一种秸秆也会因产地、收储方法等不同而不同。为满足营养需要，取得理想的增重效果，最好对所用原料的养分进行实测，以求能准确配方。精饲料和粗饲料的饲喂量应根据具体情况而定，一般育肥期按饲料干物质总量的精粗饲料比例约为 2∶3。

幼龄阶段需要蛋白质饲料比例稍高，可适当降低玉米等能量饲料的含量，增加饼粕类等蛋白质饲料的含量；肥育后期蛋白质饲料比例相应降低，逐步提高能量饲料比例。麦麸属于能量饲料，幼龄阶段麦麸添加量一般为 15% 左右，除了补充磷外，轻泻作用可使幼畜消化更顺畅。随着年龄的增长，可适当减少麦麸的用量。小苏打主要依据发酵饲料的酸度和精饲料饲喂量添加，发酵饲料中一般添加 1% 左右的小苏打用来调节酸碱度，如发酵饲料酸性比较大，可适当增加小苏打的添加量。

肉牛肉羊通用精饲料配比可用玉米 60%、饼粕 20%、麦麸 14%、小苏打 1.2%、食盐 0.8%、复合预混料 4%。配方中的复合预混料为碧野公司研制的牛羊系列复合预混料，如使用市场上购买的复合预混料请按其使用说明书使用。饲料配制应以饲养标准为基础，总的原则是尽量满足各种饲养动物的营养需要。但饲料配方也不是一成不变，要依据不同品种、不同生长阶段、体重大小以及饲料原料种类等多方面的因素进行适当的调整，以达到理想的饲养效果。发酵饲料在日粮中的添加量，一般牛为 30%～60%、羊为 20%～50%、猪为 10%～15%、家禽为 5%～10%，其他动物可参照以上的比例添加。但生产实践中发酵饲料在日粮中的添加比例也要根据不同动物品种、生长阶段以及不同生产目的等具体情况综合考虑，适当调整添加量。

**1. 参考配方 1**

（1）精饲料 由玉米粉 48%、麸皮 16%、菜粕 10%、棉粕 20%、小苏打 1%～1.2%、食盐 0.5%～1%、复合预混料 4% 均匀混合而成。

（2）发酵料 青玉米秸秆或收获玉米后的秸秆经过粉碎搓揉后丝状物 70%～85%，加入 15%～30% 常规粉状饲料发酵制作而成。

（3）粗饲料 新鲜饲草、干草或其他秸秆。

（4）动物饲喂方式 适用于圈养条件下体重在 150～200 千克的肉

牛。日粮中精饲料、粗饲料、发酵饲料的配合比例（按风干物计）大约为 35：20：45，自由采食。

**2. 参考配方 2**

（1）精饲料　玉米 58％、麸皮 11％、菜粕 10％、棉粕 15％、小苏打 1％～1.2％、食盐 0.5％～1％、复合预混料 4％，拌匀即成。

（2）发酵料　65％收获玉米后的秸秆粉碎搓揉后与酒糟混合发酵而成。

（3）粗饲料　新鲜饲草、干草或其他秸秆。

（4）动物饲喂方式　适用于圈养条件下体重在 250～300 千克的肉牛。日粮中精饲料、粗饲料、发酵饲料的配合比例（按风干物计）大约为 35：20：45，自由采食。

**3. 参考配方 3**

（1）精饲料　玉米 63％、麸皮 11％、菜粕 10％、棉粕 10％、小苏打 1％～1.2％、食盐 0.5％～1％、复合预混料 4％，拌匀即成。

（2）发酵料　65％收获玉米后的秸秆粉碎搓揉后与酒糟或豆腐渣混合发酵而成。

（3）粗饲料　新鲜饲草、干草或其他秸秆。

（4）动物饲喂方式　适用于圈养条件下体重 300～350 千克的肉牛。日粮中精饲料、粗饲料、发酵饲料的配合比例（按风干物计）大约为 40：18：42，自由采食。

**4. 参考配方 4**

（1）精饲料　玉米 66％、麦麸 11％、菜粕 5％、棉粕 12％、小苏打 1％～1.2％、食盐 0.5％～1％、复合预混料 4％，拌匀即成。

（2）发酵料　青玉米秸秆或收获玉米后的秸秆经过粉碎搓揉后的丝状物 80％，加入 20％的常规粉状饲料发酵而成。

（3）粗饲料　新鲜饲草、干草或其他秸秆。

（4）动物饲喂方式　适用于圈养条件下体重 400 千克左右的肉牛，

日粮中精饲料、粗饲料、发酵饲料的比例（按风干物计）大约为 40∶18∶42，自由采食。

### 5. 参考配方 5

（1）精饲料　玉米 70%、麦麸 10%、菜粕 3%、棉粕 10%、小苏打 1.0%～1.5%、食盐 0.8%～1.2%、复合预混料 4%，拌匀即成。

（2）发酵料　60% 青玉米秸秆或收获玉米后的秸秆粉碎搓揉后与 40% 酒糟混合发酵而成。

（3）粗饲料　新鲜饲草、干草或其他秸秆。

（4）动物饲喂方式　适用于圈养条件下体重在 500 千克左右的肉牛，日粮中精饲料、粗饲料、发酵饲料的配合比例（按风干物计）大约为 45∶17∶38，自由采食。

### 6. 参考配方 6

（1）精饲料　玉米 60%、麦麸 13%、菜粕 12%、优质草粉 11%、复合预混料 4%，拌匀即成。

（2）发酵料　由玉米秸秆粉、白酒酒糟、小麦麸按 6∶3∶1 的比例搅拌均匀发酵而成。

（3）粗饲料　新鲜饲草、干草或其他秸秆。

（4）动物饲喂方式　适用于圈养条件下体重 600 千克左右的肉用杂交黄牛。日粮中精饲料、粗饲料、发酵饲料的配合比例（按风干物计）大约为 45∶15∶40，自由采食，根据每日的采食量情况适当调整饲喂量。

### 7. 参考配方 7

（1）精饲料　玉米 32%、豆粕 3%、饼粕 5%、麦麸 5%、干草粉 10%、酒糟 40%、尿素 1%、预混料 4%，拌匀即成。

（2）发酵料　60% 玉米秸秆粉或干草粉与 40% 酒糟一起发酵制作而成。

（3）动物饲喂方式　适用于圈养育肥羊。可按 50%～60% 的精饲料与 40%～50% 的发酵饲料比例混合，自由采食。如有新鲜饲草，每日饲喂量根据具体情况作适当调整。

### 8. 参考配方 8

（1）精饲料 玉米 62%、麦麸 13%、饼粕 20%、石粉 1%、磷酸氢钙 1%、尿素 1%、食盐 1%、预混料 1%，拌匀即成。

（2）发酵料 由 80% 玉米秸秆粉加入 20% 米糠等常规粉状饲料发酵制作而成。

（3）粗饲料 新鲜饲草或干草。

（4）动物饲喂方式 适用于圈养山羊羔羊育肥。日粮中精饲料、粗饲料、发酵饲料配合比例（按风干物计）大约为 40∶18∶42，自由采食。

### 9. 参考配方 9

（1）精饲料（3选1即可） ①1～20 天玉米 46%、麦麸 20%、饼粕 30%、石粉 1%、磷酸氢钙 1%、食盐 1%、预混料 1%，拌匀即成；②20～40 天玉米 55%、麦麸 16%、饼粕 25%、石粉 1%、磷酸氢钙 1%、食盐 1%、预混料 1%，拌匀即成；③40～60 天玉米 66%、麦麸 10%、饼粕 20%、石粉 1%、磷酸氢钙 1%、食盐 1%、预混料 1%，拌匀即成。

（2）发酵料 80% 玉米秸秆或其他秸秆丝加 20% 的稻谷粉等混合发酵制作而成。

（3）粗饲料 新鲜饲草或干草。

（4）动物饲喂方式 适用于圈养山羊育肥。日粮中精饲料、粗饲料、发酵饲料的配合比例大约为 40∶20∶40，山羊自由采食。

## 二、鹅用发酵饲料配方

鹅饲料的配制应以饲养标准为基础。由于我国目前没有鹅的饲养标准，一般借鉴国外鹅的饲养标准，有的个别企业也制定了鹅的企业标准。在生产实践中要根据鹅的品种类型、生长阶段、生产水平等，并结合饲养试验结果科学制定鹅的饲料配方。饲料配方应立足于当地的地源性饲料资源，在保证营养成分的前提下尽量降低成本，使饲养者得到较大的经济效益。

目前我国肉鹅饲养一般分三个阶段：育雏鹅（0～4 周）、生长鹅（5～8 周）、肥育鹅（9～10 周）。在集约化饲养条件下，0～4 周龄鹅适宜的饲料能量和蛋白质水平分别在 11～13 兆焦/千克和 18％～21％，5～10 周龄鹅适宜的饲料能量和蛋白质水平分别在 10～13 兆焦/千克和 15％～18％。不同鹅品种、不同生长阶段以及所要求的生产水平和生产目的不同，其饲料中的能量和蛋白质水平有所不同，应根据具体情况进行适当的调整。

**1. 育雏鹅饲料参考配方**

①玉米 55％、麦麸 4％、大豆粕 16％、花生粕 15％、菜籽粕 4％、鱼粉 2％、干草粉 1％、贝壳粉 1％、石粉 0.7％、食盐 0.3％、预混料 1％；②玉米 57％、麦麸 4％、大豆粕 18％、花生粕 17％、干草粉 1％、贝壳粉 1％、石粉 0.7％、食盐 0.3％、预混料 1％；③玉米 60％、麦麸 5％、大豆粕 20％、菜籽粕 2％、葵花粕 8％、干草粉 1％、贝壳粉 2％、石粉 0.6％、食盐 0.4％、预混料 1％。

**2. 生长鹅饲料参考配方**

①玉米 63％、麦麸 19％、大豆粕 6％、花生粕 6％、干草粉 4％、石粉 0.7％、食盐 0.3％、预混料 1％；②玉米 64％、麦麸 17％、大豆粕 5％、菜籽粕 6％、干草粉 5.7％、石粉 1％、食盐 0.3％、预混料 1％；③玉米 65％、大豆粕 10％、菜籽粕 8％、酒糟 15％、石粉 0.6％、食盐 0.4％、预混料 1％。

**3. 肥育鹅饲料参考配方**

玉米 65％、麦麸 10％、米糠 10％、饼粕 10.5％、贝壳粉 2％、骨粉 1％、食盐 0.5％、预混料 1％。

动物饲喂方式：在以上饲料配方的日粮中添加 10％的发酵饲料混合饲喂。

## 三、配方参考数据

　　饲料发酵后营养价值提高（表 4-1），可以更好地满足牛、羊、鹅等动物对营养成分的需求（表 4-2～表 4-4），因而秸秆发酵饲料在动物营养配方中具有广阔的应用前景。

**表 4-1　部分非常规饲料发酵前后养分含量（烘干后测定）**　　单位：%

| 饲料名称 | | 水分 | 粗蛋白 | 粗脂肪 | 粗纤维 | 无氮浸出物 | 粗灰分 | 钙 | 磷 |
|---|---|---|---|---|---|---|---|---|---|
| 玉米秸 | 发酵前 | 12.11 | 5.12 | 1.18 | 28.73 | 46.84 | 6.02 | 0.67 | 0.23 |
| | 发酵后 | 11.28 | 11.20 | 2.11 | 19.87 | 48.99 | 6.55 | 0.98 | 0.53 |
| 稻草 | 发酵前 | 10.70 | 4.10 | 1.40 | 31.60 | 39.10 | 12.40 | 0.14 | 0.80 |
| | 发酵后 | 6.60 | 6.00 | 3.40 | 20.70 | 60.60 | 2.70 | 0.20 | 0.63 |
| 红薯藤 | 发酵前 | 11.04 | 10.30 | 1.41 | 15.42 | 55.38 | 3.23 | 1.32 | 0.42 |
| | 发酵后 | 11.24 | 14.24 | 1.28 | 10.93 | 58.32 | 3.99 | 1.85 | 0.98 |
| 花生藤 | 发酵前 | 9.21 | 10.11 | 5.58 | 29.33 | — | 7.36 | 0.77 | 0.29 |
| | 发酵后 | — | 15.39 | 4.91 | 21.83 | — | 8.71 | 0.24 | 0.27 |
| 啤酒糟 | 发酵前 | 12.00 | 24.30 | 5.30 | 13.40 | 40.98 | 4.02 | 0.44 | 0.18 |
| | 发酵后 | 11.30 | 26.40 | 4.23 | 8.56 | 44.56 | 4.95 | 0.87 | 0.53 |
| 蚕豆渣 | 发酵前 | 11.14 | 13.25 | 0.85 | 24.58 | 47.21 | 2.89 | 0.45 | 0.18 |
| | 发酵后 | 10.56 | 16.98 | 0.75 | 12.12 | 56.41 | 3.74 | 0.96 | 0.48 |
| 米糠 | 发酵前 | 12.54 | 13.33 | 7.50 | 10.95 | 47.44 | 7.54 | 0.06 | 1.57 |
| | 发酵后 | 10.54 | 14.95 | 5.80 | 7.62 | 51.24 | 7.99 | 1.25 | 1.56 |

　　注：1.各地气候环境条件、土壤条件、作物品种、栽培制度、收储方法以及生产加工工艺等不同，养分含量会与表中的数据有所差别。各种原料发酵也会因发酵菌种和发酵方法等不同其养分含量有所不同。在生产中要对发酵前后饲料的养分含量进行实测，以精准设计各种饲料配方，表中数据仅供参考。

　　2.为保证乳酸菌大量繁殖，产生足量的乳酸，原料中必须有足够数量的可溶性糖分。如发酵秸秆品质较差，一般应加入 1%～2% 的能量饲料，发酵原料质量好的可不加或少加，发酵原料质量差的多加，加入能量饲料的多少对养分含量有影响。

### 表 4-2　生长育肥牛每日营养需要量

| LBW /千克 | ADG /（千克 /天） | DMI /（千克 /天） | NE$_m$ /（兆焦 /天） | NE$_g$ /（兆焦 /天） | RND | NE$_{mf}$ /（兆焦 /天） | CP /（克 /天） | IDCP$_m$ /（克 /天） | IDCP$_g$ /（克 /天） | IDCP /（克 /天） | Ca /（克 /天） | P /（克 /天） |
|---|---|---|---|---|---|---|---|---|---|---|---|---|
| | 0.0 | 2.66 | 13.80 | 0.00 | 1.46 | 11.76 | 236 | 158 | 0 | 158 | 5 | 5 |
| | 0.3 | 3.29 | 13.80 | 1.24 | 1.87 | 15.10 | 377 | 158 | 103 | 261 | 14 | 8 |
| | 0.4 | 3.49 | 13.80 | 1.71 | 1.97 | 15.90 | 421 | 158 | 136 | 294 | 17 | 9 |
| | 0.5 | 3.70 | 13.80 | 2.22 | 2.07 | 16.74 | 465 | 158 | 169 | 328 | 19 | 10 |
| | 0.6 | 3.91 | 13.80 | 2.76 | 2.19 | 17.66 | 507 | 158 | 202 | 360 | 22 | 11 |
| 150 | 0.7 | 4.12 | 13.80 | 3.34 | 2.30 | 18.58 | 548 | 158 | 235 | 393 | 25 | 12 |
| | 0.8 | 4.33 | 13.80 | 3.97 | 2.45 | 19.75 | 589 | 158 | 267 | 425 | 28 | 13 |
| | 0.9 | 4.54 | 13.80 | 4.64 | 2.61 | 21.05 | 627 | 158 | 298 | 457 | 31 | 14 |
| | 1.0 | 4.75 | 13.80 | 5.38 | 2.80 | 22.64 | 665 | 158 | 329 | 487 | 34 | 15 |
| | 1.1 | 4.95 | 13.80 | 6.18 | 3.02 | 20.35 | 704 | 158 | 360 | 518 | 37 | 16 |
| | 1.2 | 5.16 | 13.80 | 7.06 | 3.25 | 26.28 | 739 | 158 | 389 | 547 | 40 | 16 |
| | 0.0 | 2.98 | 15.49 | 0.00 | 1.63 | 13.18 | 265 | 178 | 0 | 178 | 6 | 6 |
| | 0.3 | 3.63 | 15.49 | 1.45 | 2.09 | 16.90 | 403 | 178 | 104 | 281 | 14 | 9 |
| | 0.4 | 3.85 | 15.49 | 2.00 | 2.20 | 17.78 | 447 | 178 | 138 | 315 | 17 | 9 |
| | 0.5 | 4.07 | 15.49 | 2.59 | 2.32 | 18.70 | 489 | 178 | 171 | 349 | 20 | 10 |
| | 0.6 | 4.29 | 15.49 | 3.22 | 2.44 | 19.71 | 530 | 178 | 204 | 382 | 23 | 11 |
| 175 | 0.7 | 4.51 | 15.49 | 3.89 | 2.57 | 20.75 | 571 | 178 | 237 | 414 | 26 | 12 |
| | 0.8 | 4.72 | 15.49 | 4.63 | 2.79 | 22.05 | 609 | 178 | 269 | 446 | 28 | 13 |
| | 0.9 | 4.94 | 15.49 | 5.42 | 2.91 | 23.47 | 650 | 178 | 300 | 478 | 31 | 14 |
| | 1.0 | 5.16 | 15.49 | 6.28 | 3.12 | 25.23 | 686 | 178 | 331 | 508 | 34 | 15 |
| | 1.1 | 5.38 | 15.49 | 7.22 | 3.37 | 27.20 | 724 | 178 | 361 | 538 | 37 | 16 |
| | 1.2 | 5.59 | 15.49 | 8.24 | 3.63 | 29.29 | 759 | 178 | 390 | 567 | 40 | 17 |

续表

| LBW /千克 | ADG /(千克 /天) | DMI /(千克 /天) | NE$_m$ /(兆焦 /天) | NE$_g$ /(兆焦 /天) | RND | NE$_{mf}$ /(兆焦 /天) | CP /(克 /天) | IDCP$_m$ /(克 /天) | IDCP$_g$ /(克 /天) | IDCP /(克 /天) | Ca /(克 /天) | P /(克 /天) |
|---|---|---|---|---|---|---|---|---|---|---|---|---|
| 200 | 0.0 | 3.30 | 17.12 | 0.00 | 1.80 | 14.56 | 293 | 196 | 0 | 196 | 7 | 7 |
| | 0.3 | 3.98 | 17.12 | 1.66 | 2.32 | 18.70 | 428 | 196 | 105 | 301 | 15 | 9 |
| | 0.4 | 4.21 | 17.12 | 2.28 | 2.43 | 19.62 | 472 | 196 | 139 | 336 | 17 | 10 |
| | 0.5 | 4.44 | 17.12 | 2.95 | 2.56 | 20.67 | 514 | 196 | 173 | 369 | 20 | 11 |
| | 0.6 | 4.66 | 17.12 | 3.67 | 2.69 | 21.76 | 555 | 196 | 206 | 403 | 23 | 12 |
| | 0.7 | 4.89 | 17.12 | 4.45 | 2.83 | 22.47 | 593 | 196 | 239 | 435 | 26 | 13 |
| | 0.8 | 5.12 | 17.12 | 5.29 | 3.01 | 24.31 | 631 | 196 | 271 | 467 | 29 | 14 |
| | 0.9 | 5.34 | 17.12 | 6.19 | 3.21 | 25.90 | 669 | 196 | 302 | 499 | 31 | 15 |
| | 1.0 | 5.57 | 17.12 | 7.17 | 3.45 | 27.82 | 708 | 196 | 333 | 529 | 34 | 16 |
| | 1.1 | 5.80 | 17.12 | 8.25 | 3.71 | 29.96 | 743 | 196 | 362 | 558 | 37 | 17 |
| | 1.2 | 6.03 | 17.12 | 9.42 | 4.00 | 32.30 | 778 | 196 | 391 | 587 | 40 | 17 |
| 225 | 0.0 | 3.60 | 18.71 | 0.00 | 1.87 | 15.10 | 320 | 214 | 0 | 214 | 7 | 7 |
| | 0.3 | 4.31 | 18.71 | 1.86 | 2.56 | 20.71 | 452 | 214 | 107 | 321 | 15 | 10 |
| | 0.4 | 4.55 | 18.71 | 2.57 | 2.69 | 21.76 | 494 | 214 | 141 | 356 | 18 | 11 |
| | 0.5 | 4.78 | 18.71 | 3.32 | 2.83 | 22.89 | 535 | 214 | 175 | 390 | 20 | 12 |
| | 0.6 | 5.02 | 18.71 | 4.13 | 2.98 | 24.10 | 576 | 214 | 209 | 423 | 23 | 13 |
| | 0.7 | 5.26 | 18.71 | 5.01 | 3.14 | 25.36 | 614 | 214 | 241 | 456 | 26 | 14 |
| | 0.8 | 5.49 | 18.71 | 5.95 | 3.33 | 26.90 | 652 | 214 | 273 | 488 | 29 | 14 |
| | 0.9 | 5.73 | 18.71 | 6.97 | 3.55 | 28.66 | 691 | 214 | 304 | 519 | 31 | 15 |
| | 1.0 | 5.96 | 18.71 | 8.07 | 3.81 | 30.79 | 726 | 214 | 335 | 549 | 34 | 16 |
| | 1.1 | 6.20 | 18.71 | 9.28 | 4.10 | 33.10 | 761 | 214 | 364 | 578 | 37 | 17 |
| | 1.2 | 6.44 | 18.71 | 10.59 | 4.42 | 35.69 | 796 | 214 | 391 | 606 | 39 | 18 |

续表

| LBW/千克 | ADG/(千克/天) | DMI/(千克/天) | NE$_m$/(兆焦/天) | NE$_g$/(兆焦/天) | RND | NE$_{mf}$/(兆焦/天) | CP/(克/天) | IDCP$_m$/(克/天) | IDCP$_g$/(克/天) | IDCP/(克/天) | Ca/(克/天) | P/(克/天) |
|---|---|---|---|---|---|---|---|---|---|---|---|---|
| | 0.0 | 3.90 | 20.24 | 0.00 | 2.20 | 17.78 | 346 | 232 | 0 | 232.0 | 8 | 8 |
| | 0.3 | 4.64 | 20.24 | 2.07 | 2.81 | 22.72 | 475 | 232 | 108 | 340.0 | 16 | 11 |
| | 0.4 | 4.88 | 20.24 | 2.85 | 2.95 | 23.85 | 517 | 232 | 143 | 375.0 | 18 | 12 |
| | 0.5 | 5.13 | 20.24 | 3.69 | 3.11 | 25.10 | 558 | 232 | 177 | 409.0 | 21 | 12 |
| | 0.6 | 5.37 | 20.24 | 4.59 | 3.27 | 26.44 | 599 | 232 | 211 | 443.0 | 23 | 13 |
| 250 | 0.7 | 5.62 | 20.24 | 5.56 | 3.45 | 27.82 | 637 | 232 | 244 | 475.9 | 26 | 14 |
| | 0.8 | 5.87 | 20.24 | 6.61 | 3.65 | 29.50 | 672 | 232 | 276 | 507.8 | 29 | 15 |
| | 0.9 | 6.11 | 20.24 | 7.74 | 3.89 | 31.38 | 711 | 232 | 307 | 538.8 | 31 | 16 |
| | 1.0 | 6.36 | 20.24 | 8.97 | 4.18 | 33.72 | 746 | 232 | 337 | 568.6 | 34 | 17 |
| | 1.1 | 6.60 | 20.24 | 10.31 | 4.49 | 36.28 | 781 | 232 | 365 | 597.2 | 36 | 18 |
| | 1.2 | 6.85 | 20.24 | 11.77 | 4.84 | 39.06 | 814 | 232 | 392 | 624.3 | 39 | 18 |
| | 0.0 | 4.19 | 21.74 | 0 | 2.40 | 19.37 | 372 | 249 | 0 | 249.2 | 9 | 9 |
| | 0.3 | 4.96 | 21.74 | 2.28 | 3.07 | 24.77 | 501 | 249 | 110 | 359.0 | 16 | 12 |
| | 0.4 | 5.21 | 21.74 | 3.14 | 3.22 | 25.98 | 543 | 249 | 145 | 394.4 | 19 | 12 |
| | 0.5 | 5.47 | 21.74 | 4.06 | 3.39 | 27.36 | 581 | 249 | 180 | 429.0 | 21 | 13 |
| | 0.6 | 5.72 | 21.74 | 5.05 | 3.57 | 28.79 | 619 | 249 | 214 | 462.8 | 24 | 14 |
| 275 | 0.7 | 5.98 | 21.74 | 6.12 | 3.75 | 30.29 | 657 | 249 | 247 | 495.8 | 26 | 15 |
| | 0.8 | 6.23 | 21.74 | 7.27 | 3.98 | 32.13 | 696 | 249 | 278 | 527.7 | 29 | 16 |
| | 0.9 | 6.49 | 21.74 | 8.51 | 4.23 | 34.18 | 731 | 249 | 309 | 558.5 | 31 | 16 |
| | 1.0 | 6.74 | 21.74 | 9.86 | 4.55 | 36.74 | 766 | 249 | 339 | 588.0 | 34 | 17 |
| | 1.1 | 7.00 | 21.74 | 11.34 | 4.89 | 39.50 | 798 | 249 | 367 | 616.0 | 36 | 18 |
| | 1.2 | 7.25 | 21.74 | 12.95 | 5.60 | 42.51 | 834 | 249 | 393 | 642.4 | 39 | 19 |

续表

| LBW/千克 | ADG/(千克/天) | DMI/(千克/天) | NE$_m$/(兆焦/天) | NE$_g$/(兆焦/天) | RND | NE$_{mf}$/(兆焦/天) | CP/(克/天) | IDCP$_m$/(克/天) | IDCP$_g$/(克/天) | IDCP/(克/天) | Ca/(克/天) | P/(克/天) |
|---|---|---|---|---|---|---|---|---|---|---|---|---|
| 300 | 0.0 | 4.46 | 23.21 | 0 | 2.60 | 21.00 | 397 | 266 | 0 | 266.0 | 10 | 10 |
| | 0.3 | 5.26 | 23.21 | 2.48 | 3.32 | 26.78 | 523 | 266 | 112 | 377.6 | 17 | 12 |
| | 0.4 | 5.53 | 23.21 | 3.42 | 3.48 | 28.12 | 565 | 266 | 147 | 413.4 | 19 | 13 |
| | 0.5 | 5.79 | 23.21 | 4.43 | 3.66 | 29.58 | 603 | 266 | 182 | 448.4 | 21 | 14 |
| | 0.6 | 6.06 | 23.21 | 5.51 | 3.86 | 31.13 | 641 | 266 | 216 | 482.4 | 24 | 15 |
| | 0.7 | 6.32 | 23.21 | 6.67 | 4.06 | 32.76 | 679 | 266 | 249 | 515.5 | 26 | 15 |
| | 0.8 | 6.58 | 23.21 | 7.93 | 4.31 | 34.77 | 715 | 266 | 281 | 547.4 | 29 | 16 |
| | 0.9 | 6.85 | 23.21 | 9.29 | 4.58 | 36.99 | 750 | 266 | 312 | 578.0 | 31 | 17 |
| | 1.0 | 7.11 | 23.21 | 10.76 | 4.92 | 39.71 | 785 | 266 | 341 | 607.1 | 34 | 18 |
| | 1.1 | 7.38 | 23.21 | 12.37 | 5.29 | 42.68 | 818 | 266 | 369 | 634.6 | 36 | 19 |
| | 1.2 | 7.64 | 23.21 | 14.12 | 5.69 | 45.98 | 850 | 266 | 394 | 660.3 | 38 | 19 |
| 325 | 0.0 | 4.75 | 24.65 | 0 | 2.78 | 22.43 | 421 | 282 | 0 | 282.4 | 11 | 11 |
| | 0.3 | 5.57 | 24.65 | 2.69 | 3.54 | 28.58 | 547 | 282 | 114 | 396.0 | 17 | 13 |
| | 0.4 | 5.84 | 24.65 | 3.71 | 3.72 | 30.04 | 586 | 282 | 150 | 432.3 | 19 | 14 |
| | 0.5 | 6.12 | 24.65 | 4.80 | 3.91 | 31.59 | 624 | 282 | 185 | 467.6 | 22 | 14 |
| | 0.6 | 6.39 | 24.65 | 5.97 | 4.12 | 33.26 | 662 | 282 | 219 | 501.9 | 24 | 15 |
| | 0.7 | 6.66 | 24.65 | 7.23 | 4.36 | 35.02 | 700 | 282 | 253 | 535.1 | 26 | 16 |
| | 0.8 | 6.94 | 24.65 | 8.59 | 4.60 | 37.15 | 736 | 282 | 284 | 566.9 | 29 | 17 |
| | 0.9 | 7.21 | 24.65 | 10.06 | 4.90 | 39.54 | 771 | 282 | 315 | 597.3 | 31 | 18 |
| | 1.0 | 7.49 | 24.65 | 11.66 | 5.25 | 42.43 | 803 | 282 | 344 | 626.1 | 33 | 18 |
| | 1.1 | 7.76 | 24.65 | 13.40 | 5.65 | 45.61 | 839 | 282 | 371 | 653.0 | 36 | 19 |
| | 1.2 | 8.03 | 24.65 | 15.30 | 6.08 | 49.12 | 868 | 282 | 395 | 677.8 | 38 | 20 |

| LBW /千克 | ADG /(千克/天) | DMI /(千克/天) | NE$_m$ /(兆焦/天) | NE$_g$ /(兆焦/天) | RND | NE$_{mf}$ /(兆焦/天) | CP /(克/天) | IDCP$_m$ /(克/天) | IDCP$_g$ /(克/天) | IDCP /(克/天) | Ca /(克/天) | P /(克/天) |
|---|---|---|---|---|---|---|---|---|---|---|---|---|
| 350 | 0 | 5.02 | 26.06 | 0 | 2.95 | 23.85 | 445 | 299 | 0 | 298.6 | 12 | 12 |
| | 0.3 | 5.87 | 26.06 | 2.90 | 3.76 | 30.38 | 569 | 299 | 122 | 420.6 | 18 | 14 |
| | 0.4 | 6.15 | 26.06 | 3.99 | 3.95 | 31.92 | 607 | 299 | 161 | 459.4 | 20 | 14 |
| | 0.5 | 6.43 | 26.06 | 5.17 | 4.16 | 33.60 | 645 | 299 | 199 | 497.1 | 22 | 15 |
| | 0.6 | 6.72 | 26.06 | 6.43 | 4.38 | 35.40 | 683 | 299 | 235 | 533.6 | 24 | 16 |
| | 0.7 | 7.00 | 26.06 | 7.79 | 4.61 | 37.24 | 719 | 299 | 270 | 568.7 | 27 | 17 |
| | 0.8 | 7.28 | 26.06 | 9.25 | 4.89 | 39.50 | 757 | 299 | 304 | 602.3 | 29 | 17 |
| | 0.9 | 7.57 | 26.06 | 10.83 | 5.21 | 42.05 | 789 | 299 | 336 | 634.1 | 31 | 18 |
| | 1.0 | 7.85 | 26.06 | 12.55 | 5.59 | 45.15 | 824 | 299 | 365 | 664.0 | 33 | 19 |
| | 1.1 | 8.13 | 26.06 | 14.43 | 6.01 | 48.53 | 857 | 299 | 393 | 691.7 | 36 | 20 |
| | 1.2 | 8.41 | 26.06 | 16.48 | 6.47 | 52.26 | 889 | 299 | 418 | 716.9 | 38 | 20 |
| 375 | 0 | 5.28 | 27.44 | 0 | 3.13 | 25.27 | 469 | 314 | 0 | 314.4 | 12 | 12 |
| | 0.3 | 6.16 | 27.44 | 3.10 | 3.99 | 32.22 | 593 | 314 | 119 | 433.5 | 18 | 14 |
| | 0.4 | 6.45 | 27.44 | 4.28 | 4.19 | 33.85 | 631 | 314 | 157 | 471.2 | 20 | 15 |
| | 0.5 | 6.74 | 27.44 | 5.54 | 4.41 | 35.61 | 669 | 314 | 193 | 507.7 | 22 | 16 |
| | 0.6 | 7.03 | 27.44 | 6.89 | 4.65 | 37.53 | 704 | 314 | 228 | 542.9 | 25 | 17 |
| | 0.7 | 7.32 | 27.44 | 8.34 | 4.89 | 39.50 | 743 | 314 | 262 | 576.6 | 27 | 17 |
| | 0.8 | 7.62 | 27.44 | 9.91 | 5.19 | 41.88 | 778 | 314 | 294 | 608.7 | 29 | 18 |
| | 0.9 | 7.91 | 27.44 | 11.61 | 5.52 | 44.60 | 810 | 314 | 324 | 638.9 | 31 | 19 |
| | 1.0 | 8.20 | 27.44 | 13.45 | 5.93 | 47.87 | 845 | 314 | 353 | 667.1 | 33 | 19 |
| | 1.1 | 8.49 | 27.44 | 15.46 | 6.26 | 50.54 | 878 | 314 | 378 | 692.9 | 35 | 20 |
| | 1.2 | 8.79 | 27.44 | 17.65 | 6.75 | 54.48 | 907 | 314 | 402 | 716 | 38 | 20 |

| LBW /千克 | ADG /(千克 /天) | DMI /(千克 /天) | NE$_m$ /(兆焦 /天) | NE$_g$ /(兆焦 /天) | RND | NE$_{mf}$ /(兆焦 /天) | CP /(克 /天) | IDCP$_m$ /(克 /天) | IDCP$_g$ /(克 /天) | IDCP /(克 /天) | Ca /(克 /天) | P /(克 /天) |
|---|---|---|---|---|---|---|---|---|---|---|---|---|
| 400 | 0 | 5.55 | 28.80 | 0 | 3.31 | 26.74 | 492 | 330 | 0 | 330.0 | 13 | 13 |
| | 0.3 | 6.45 | 28.80 | 3.31 | 4.22 | 34.06 | 613 | 330 | 116 | 446.2 | 19 | 15 |
| | 0.4 | 6.76 | 28.80 | 4.56 | 4.43 | 35.77 | 651 | 330 | 153 | 482.7 | 21 | 16 |
| | 0.5 | 7.06 | 28.80 | 5.91 | 4.66 | 37.66 | 689 | 330 | 188 | 518.0 | 23 | 17 |
| | 0.6 | 7.36 | 28.80 | 7.35 | 4.91 | 39.66 | 727 | 330 | 222 | 551.9 | 25 | 17 |
| | 0.7 | 7.66 | 28.80 | 8.90 | 5.17 | 41.76 | 763 | 330 | 254 | 584.9 | 27 | 18 |
| | 0.8 | 7.96 | 28.80 | 10.57 | 5.49 | 44.31 | 798 | 330 | 285 | 614.8 | 29 | 19 |
| | 0.9 | 8.26 | 28.80 | 12.38 | 5.64 | 47.15 | 830 | 330 | 313 | 643.5 | 31 | 19 |
| | 1.0 | 8.56 | 28.80 | 14.35 | 6.27 | 50.63 | 866 | 330 | 340 | 669.9 | 33 | 20 |
| | 1.1 | 8.87 | 28.80 | 16.49 | 6.74 | 54.43 | 895 | 330 | 364 | 693.8 | 35 | 21 |
| | 1.2 | 9.17 | 28.80 | 18.83 | 7.26 | 58.66 | 927 | 330 | 385 | 714.8 | 37 | 21 |
| 425 | 0 | 5.80 | 30.14 | 0.00 | 3.48 | 28.08 | 515 | 345 | 0 | 345.4 | 14 | 14 |
| | 0.3 | 6.73 | 30.14 | 3.52 | 4.43 | 35.77 | 636 | 345 | 113 | 458.6 | 19 | 16 |
| | 0.4 | 7.04 | 30.14 | 4.85 | 4.65 | 37.57 | 674 | 345 | 149 | 494.0 | 21 | 17 |
| | 0.5 | 7.35 | 30.14 | 6.28 | 4.90 | 39.54 | 712 | 345 | 183 | 528.1 | 23 | 17 |
| | 0.6 | 7.66 | 30.14 | 7.81 | 5.16 | 41.67 | 747 | 345 | 215 | 560.7 | 25 | 18 |
| | 0.7 | 7.97 | 30.14 | 9.45 | 5.44 | 43.89 | 783 | 345 | 246 | 591.7 | 27 | 18 |
| | 0.8 | 8.29 | 30.14 | 11.23 | 5.77 | 46.57 | 818 | 345 | 275 | 620.8 | 29 | 19 |
| | 0.9 | 8.60 | 30.14 | 13.15 | 6.14 | 49.58 | 850 | 345 | 302 | 647.8 | 31 | 20 |
| | 1.0 | 8.91 | 30.14 | 15.24 | 6.59 | 53.22 | 886 | 345 | 327 | 672.4 | 33 | 20 |
| | 1.1 | 9.22 | 30.14 | 17.52 | 7.09 | 57.24 | 918 | 345 | 349 | 694.4 | 35 | 21 |
| | 1.2 | 9.53 | 30.14 | 20.01 | 7.64 | 61.67 | 947 | 345 | 368 | 713.3 | 37 | 22 |

续表

| LBW /千克 | ADG /(千克 /天) | DMI /(千克 /天) | NE$_m$ /(兆焦 /天) | NE$_g$ /(兆焦 /天) | RND | NE$_{mf}$ /(兆焦 /天) | CP /(克 /天) | IDCP$_m$ /(克 /天) | IDCP$_g$ /(克 /天) | IDCP /(克 /天) | Ca /(克 /天) | P /(克 /天) |
|---|---|---|---|---|---|---|---|---|---|---|---|---|
| | 0 | 6.06 | 31.46 | 0 | 3.63 | 29.33 | 538 | 361 | 0 | 360.5 | 15 | 15 |
| | 0.3 | 7.02 | 31.46 | 3.72 | 4.63 | 37.41 | 659 | 361 | 110 | 470.7 | 20 | 17 |
| | 0.4 | 7.34 | 31.46 | 5.14 | 4.87 | 39.33 | 697 | 361 | 145 | 505.1 | 21 | 17 |
| | 0.5 | 7.66 | 31.46 | 6.65 | 5.12 | 41.38 | 732 | 361 | 177 | 538.0 | 23 | 18 |
| | 0.6 | 7.98 | 31.46 | 8.27 | 5.40 | 43.60 | 770 | 361 | 209 | 569.3 | 25 | 19 |
| 450 | 0.7 | 8.30 | 31.46 | 10.01 | 5.69 | 45.94 | 806 | 361 | 238 | 598.9 | 27 | 19 |
| | 0.8 | 8.62 | 31.46 | 11.89 | 6.03 | 48.74 | 841 | 361 | 266 | 626.5 | 29 | 20 |
| | 0.9 | 8.94 | 31.46 | 13.93 | 6.43 | 51.92 | 873 | 361 | 291 | 651.8 | 31 | 20 |
| | 1.0 | 9.26 | 31.46 | 16.14 | 6.90 | 55.77 | 906 | 361 | 314 | 674.7 | 33 | 21 |
| | 1.1 | 9.58 | 31.46 | 18.55 | 7.42 | 59.96 | 938 | 361 | 334 | 694.8 | 35 | 22 |
| | 1.2 | 9.90 | 31.46 | 21.18 | 8.00 | 64.60 | 967 | 361 | 351 | 711.7 | 37 | 22 |
| | 0 | 6.31 | 32.76 | 0 | 3.79 | 30.63 | 560 | 375 | 0 | 375.4 | 16 | 16 |
| | 0.3 | 7.30 | 32.76 | 3.93 | 4.84 | 39.08 | 681 | 375 | 107 | 482.7 | 20 | 17 |
| | 0.4 | 7.63 | 32.76 | 5.42 | 5.09 | 41.09 | 719 | 375 | 140 | 515.9 | 22 | 18 |
| | 0.5 | 7.96 | 32.76 | 7.01 | 5.35 | 43.26 | 754 | 375 | 172 | 547.6 | 24 | 19 |
| | 0.6 | 8.29 | 32.76 | 8.73 | 5.64 | 45.61 | 789 | 375 | 202 | 577.7 | 25 | 19 |
| 475 | 0.7 | 8.61 | 32.76 | 10.57 | 5.94 | 48.03 | 825 | 375 | 230 | 605.8 | 27 | 20 |
| | 0.8 | 8.94 | 32.76 | 12.55 | 6.31 | 51.00 | 860 | 375 | 257 | 631.9 | 29 | 20 |
| | 0.9 | 9.27 | 32.76 | 14.70 | 6.72 | 54.31 | 892 | 375 | 280 | 655.7 | 31 | 21 |
| | 1.0 | 9.60 | 32.76 | 17.04 | 7.22 | 58.32 | 928 | 375 | 301 | 676.9 | 33 | 21 |
| | 1.1 | 9.93 | 32.76 | 19.58 | 7.77 | 62.76 | 957 | 375 | 320 | 695.0 | 35 | 22 |
| | 1.2 | 10.26 | 32.76 | 22.36 | 8.37 | 67.61 | 989 | 375 | 334 | 709.8 | 36 | 23 |

| LBW /千克 | ADG /(千克 /天) | DMI /(千克 /天) | NE$_m$ /(兆焦 /天) | NE$_g$ /(兆焦 /天) | RND | NE$_{mf}$ /(兆焦 /天) | CP /(克 /天) | IDCP$_m$ /(克 /天) | IDCP$_g$ /(克 /天) | IDCP /(克 /天) | Ca /(克 /天) | P /(克 /天) |
|---|---|---|---|---|---|---|---|---|---|---|---|---|
| | 0 | 6.56 | 34.05 | 0 | 3.95 | 31.92 | 582 | 390 | 0 | 390.2 | 16 | 16 |
| | 0.3 | 7.58 | 34.05 | 4.14 | 5.04 | 40.71 | 700 | 390 | 104 | 494.5 | 21 | 18 |
| | 0.4 | 7.91 | 34.05 | 5.71 | 5.30 | 42.84 | 738 | 390 | 136 | 526.6 | 22 | 19 |
| | 0.5 | 8.25 | 34.05 | 7.38 | 5.58 | 45.10 | 776 | 390 | 167 | 557.1 | 24 | 19 |
| | 0.6 | 8.59 | 34.05 | 9.18 | 5.88 | 47.53 | 811 | 390 | 196 | 585.8 | 26 | 20 |
| 500 | 0.7 | 8.93 | 34.05 | 11.12 | 6.20 | 50.08 | 847 | 390 | 222 | 612.6 | 27 | 20 |
| | 0.8 | 9.27 | 34.05 | 13.21 | 6.58 | 53.18 | 882 | 390 | 247 | 637.2 | 29 | 21 |
| | 0.9 | 9.61 | 34.05 | 15.48 | 7.01 | 56.65 | 912 | 390 | 269 | 659.4 | 31 | 21 |
| | 1.0 | 9.94 | 34.05 | 17.93 | 7.53 | 60.88 | 947 | 390 | 289 | 678.8 | 33 | 22 |
| | 1.1 | 10.28 | 34.05 | 20.61 | 8.10 | 65.48 | 979 | 390 | 305 | 695.0 | 34 | 23 |
| | 1.2 | 10.62 | 34.05 | 23.54 | 8.73 | 70.54 | 1011 | 390 | 318 | 707.7 | 36 | 23 |

注：1. LBW—活体重；ADG—平均日增重；DMI—干物质进食量；NE$_m$—维持净能；NE$_g$—增重净能；RND—肉牛能量单位；NE$_{mf}$—综合净能；CP—粗蛋白质；IDCP$_m$—维持小肠可消化粗蛋白质；IDCP$_g$—增重小肠可消化粗蛋白质；IDCP—小肠可消化粗蛋白质；Ca—钙；P—磷。

2. 引自《肉牛饲养标准》（NY/T815—2004）。

### 表4-3 育肥羊每日营养需要量

本标准适用于以产肉为主，产毛、绒为辅的绵羊。

| 体重 /千克 | 日增重 /(千克 /天) | DMI /(千克 /天) | DE /(兆焦 /天) | ME /(兆焦 /天) | 粗蛋白质 /(克/天) | 钙 /(克/天) | 总磷 /(克/天) | 食用盐 /(克/天) |
|---|---|---|---|---|---|---|---|---|
| 20 | 0.10 | 0.8 | 9.00 | 8.40 | 111 | 1.9 | 1.8 | 7.6 |
| 20 | 0.20 | 0.9 | 11.30 | 9.30 | 158 | 2.8 | 2.4 | 7.6 |

| 体重<br>/千克 | 日增重<br>/(千克<br>/天) | DMI<br>/(千克<br>/天) | DE<br>/(兆焦<br>/天) | ME<br>/(兆焦<br>/天) | 粗蛋白质<br>/(克/天) | 钙<br>/(克/天) | 总磷<br>/(克/天) | 食用盐<br>/(克/天) |
|---|---|---|---|---|---|---|---|---|
| 20 | 0.30 | 1.0 | 13.60 | 11.20 | 183 | 3.8 | 3.1 | 7.6 |
| 20 | 0.45 | 1.0 | 15.01 | 11.82 | 210 | 4.6 | 3.7 | 7.6 |
| 25 | 0.10 | 0.9 | 10.50 | 8.60 | 121 | 2.2 | 2 | 7.6 |
| 25 | 0.20 | 1.0 | 13.20 | 10.80 | 168 | 3.2 | 2.7 | 7.6 |
| 25 | 0.30 | 1.1 | 15.80 | 13.00 | 191 | 4.3 | 3.4 | 7.6 |
| 25 | 0.45 | 1.1 | 17.45 | 14.35 | 218 | 5.4 | 4.2 | 7.6 |
| 30 | 0.10 | 1.0 | 12.00 | 9.80 | 132 | 2.5 | 2.2 | 8.6 |
| 30 | 0.20 | 1.1 | 15.00 | 12.30 | 178 | 3.6 | 3 | 8.6 |
| 30 | 0.30 | 1.2 | 18.10 | 14.80 | 200 | 4.8 | 3.8 | 8.6 |
| 30 | 0.45 | 1.2 | 19.95 | 16.34 | 351 | 6.0 | 4.6 | 8.6 |
| 35 | 0.10 | 1.2 | 13.40 | 11.10 | 141 | 2.8 | 2.5 | 8.6 |
| 35 | 0.20 | 1.3 | 16.90 | 13.80 | 187 | 4.0 | 3.3 | 8.6 |
| 35 | 0.30 | 1.3 | 18.20 | 16.60 | 207 | 5.2 | 4.1 | 8.6 |
| 35 | 0.45 | 1.3 | 20.19 | 18.26 | 233 | 6.4 | 5.0 | 8.6 |
| 40 | 0.10 | 1.3 | 14.90 | 12.20 | 143 | 3.1 | 2.7 | 9.6 |
| 40 | 0.20 | 1.3 | 18.80 | 15.30 | 183 | 4.4 | 3.6 | 9.6 |
| 40 | 0.30 | 1.4 | 22.60 | 18.40 | 204 | 5.7 | 4.5 | 9.6 |
| 40 | 0.45 | 1.4 | 24.99 | 20.30 | 227 | 7.0 | 5.4 | 9.6 |
| 45 | 0.10 | 1.4 | 16.40 | 13.40 | 152 | 3.4 | 2.9 | 9.6 |
| 45 | 0.20 | 1.4 | 20.60 | 16.80 | 192 | 4.8 | 3.9 | 9.6 |
| 45 | 0.30 | 1.5 | 24.80 | 20.30 | 210 | 6.2 | 4.9 | 9.6 |

| 体重<br/>/千克 | 日增重<br/>/（千克<br/>/天） | DMI<br/>/（千克<br/>/天） | DE<br/>/（兆焦<br/>/天） | ME<br/>/（兆焦<br/>/天） | 粗蛋白质<br/>/（克/天） | 钙<br/>/（克/天） | 总磷<br/>/（克/天） | 食用盐<br/>/（克/天） |
|---|---|---|---|---|---|---|---|---|
| 45 | 0.45 | 1.5 | 27.38 | 22.39 | 233 | 7.4 | 6.0 | 9.6 |
| 50 | 0.10 | 1.5 | 17.90 | 14.60 | 159 | 3.7 | 3.2 | 11.0 |
| 50 | 0.20 | 1.6 | 22.50 | 18.30 | 198 | 5.2 | 4.2 | 11.0 |
| 50 | 0.30 | 1.6 | 27.20 | 22.10 | 215 | 6.7 | 5.2 | 11.0 |
| 50 | 0.45 | 1.6 | 30.03 | 24.38 | 237 | 8.5 | 6.5 | 11.0 |

注：1. 本表适用于 20～50 千克体重阶段舍饲育肥羊。

2. 干物质进食量（DMI）、消化能（DE）、代谢能（ME）、粗蛋白质（CP）、钙、总磷、食用盐每日需要量推荐数值参考自新疆维吾尔自治区企业标准《新疆细毛羊舍饲肥育标准》。

3. 日粮中添加的食用盐应符合 GB/T 5461 中的规定。

4. 引自《肉羊饲养标准》（NY/T816—2004）。

### 表 4-4 育肥山羊每日营养需要量

| 体重<br/>/千克 | 日增重<br/>/（千克<br/>/天） | DMI<br/>/（千克<br/>/天） | DE<br/>/（兆焦<br/>/天） | ME<br/>/（兆焦<br/>/天） | 粗蛋白质<br/>/（克/天） | 钙<br/>/（克<br/>/天） | 总磷<br/>/（克<br/>/天） | 食用盐<br/>/（克<br/>/天） |
|---|---|---|---|---|---|---|---|---|
| 15 | 0 | 0.51 | 5.36 | 4.40 | 43 | 1.0 | 0.7 | 2.6 |
| 15 | 0.05 | 0.56 | 5.83 | 4.78 | 54 | 2.8 | 1.9 | 2.8 |
| 15 | 0.10 | 0.61 | 6.29 | 5.15 | 64 | 4.6 | 3.0 | 3.1 |
| 15 | 0.15 | 0.66 | 6.75 | 5.54 | 74 | 6.4 | 4.2 | 3.3 |
| 15 | 0.20 | 0.71 | 7.21 | 5.91 | 84 | 8.1 | 5.4 | 3.6 |
| 20 | 0 | 0.56 | 6.44 | 5.28 | 47 | 1.3 | 0.9 | 2.8 |
| 20 | 0.05 | 0.61 | 6.91 | 5.66 | 57 | 3.1 | 2.1 | 3.1 |

续表

| 体重 /千克 | 日增重 /(千克 /天) | DMI /(千克 /天) | DE /(兆焦 /天) | ME /(兆焦 /天) | 粗蛋白质 /(克/天) | 钙 /(克 /天) | 总磷 /(克 /天) | 食用盐 /(克 /天) |
|---|---|---|---|---|---|---|---|---|
| 20 | 0.10 | 0.66 | 7.37 | 6.04 | 67 | 4.9 | 3.3 | 3.3 |
| 20 | 0.15 | 0.71 | 7.83 | 6.42 | 77 | 6.7 | 4.5 | 3.6 |
| 20 | 0.20 | 0.76 | 8.29 | 6.80 | 87 | 8.5 | 5.6 | 3.8 |
| 25 | 0 | 0.61 | 7.46 | 6.12 | 50 | 1.7 | 1.1 | 3.0 |
| 25 | 0.05 | 0.66 | 7.92 | 6.49 | 60 | 3.5 | 2.3 | 3.3 |
| 25 | 0.10 | 0.71 | 8.38 | 6.87 | 70 | 5.2 | 3.5 | 3.5 |
| 25 | 0.15 | 0.76 | 8.84 | 7.25 | 81 | 7.0 | 4.7 | 3.8 |
| 25 | 0.20 | 0.81 | 9.31 | 7.63 | 91 | 8.8 | 5.9 | 4.0 |
| 30 | 0 | 0.65 | 8.42 | 6.90 | 53 | 2.0 | 1.3 | 3.3 |
| 30 | 0.05 | 0.70 | 8.88 | 7.28 | 63 | 3.8 | 2.5 | 3.5 |
| 30 | 0.10 | 0.75 | 9.35 | 7.66 | 74 | 5.6 | 3.7 | 3.8 |
| 30 | 0.15 | 0.80 | 9.81 | 8.04 | 84 | 7.4 | 4.9 | 4.0 |
| 30 | 0.20 | 0.85 | 10.27 | 8.42 | 94 | 9.1 | 6.1 | 4.2 |

注：1. 本表适用于 15～30 千克体重阶段育肥山羊。

2. 干物质进食量（DMI）、消化能（DE）、代谢能（ME）、粗蛋白质（CP）数值来源于中国农业科学畜牧所（2003）。

3. 日粮中添加的食用盐应符合 GB/T 5461 中的规定。

4. 引自《肉羊饲养标准》（NY/T816—2004）。

# 第五章
# 地源性发酵饲料利用模式

　　随着动物营养研究的不断深入，饲料配方向精准化、动态化、调控化等方向发展，饲料原料向多样化、复杂化、应用区域化方向发展。面对畜牧业发展的共性问题，饲料工业总的发展方向包括资源有效利用、提质增效、降低成本、保障畜产品食用安全、节能减排等。因此，低质饲料资源的高值化利用成为饲料行业发展的主攻方向，利用地源性饲料资源生产发酵饲料成为饲料行业发展新的趋势。必须因地制宜开发具有代表性的地源性饲料资源，设计具有地源性饲料特色的配方，构建地方特色的养殖模式，降低养殖成本，提高经济效益，保护生态环境，实现生态循环养殖。开发地源性饲料资源的核心是利用效率的最大化和经济、社会、生态效益的最大化。

## 第一节　地源性饲料

### 一、地源性饲料的概念

　　地源性饲料一般是指产地资源丰富，经过饲料化加工处理后可规模化开发和利用的地方性特色饲料资源的总称，具有流通成本高、易变质、季节性强、地域特色鲜明等特点。即地源性饲料的产地局限于某个地区，不适合长距离运输，烘干或其他处理措施会造成营养成分损失和成本增加，是只能在特定区域内使用的具有特色饲用价值的农副产品等。但目前地源性饲料的定义还处于商讨阶段，未有一个精准的定义。

## 二、地源性饲料的特征

地域局限性强，季节性强，流通成本高，经济效益和生态效益兼顾是地源性饲料的主要特征。第一，地域局限性强，某些地源性饲料资源主要集中于某一地区，流通比较困难；第二，季节性强，如某些废弃农副产品集中于某一季节大量产出，且短时间内全部应用相当困难，需要集中处理加工方可保存；第三，流通成本高，一般地源性饲料含水量高，饲料运输成为限制性因素，使流通运输费用增多；第四，如果不及时处置，则容易腐烂变质而污染环境。但是，地源性饲料资源多、地域分布广、四季皆有，价格低廉，营养全面，特别是含有大量的维生素，自古以来就是畜牧业的主要饲粮。总之，面对这些资源应当全方位考虑，兼顾经济效益和生态效益，低值饲料资源的高效利用，不仅提高了资源的利用率，还有助于环境保护，产生可观的经济效益。

## 三、主要地源性饲料资源

### 1. 农作物秸秆

我国地域辽阔，东西海拔差距悬殊，南北温差大。南方地区适合水稻、甘蔗和油料等农作物的生长，北方地区适合玉米、豆类和薯类等农作物的生长，小麦可在全国各地区普遍种植，棉花产地近年来逐步集中到新疆等西北地区。农作物种植布局生态区域多样而复杂，造成农作物秸秆产出呈现区域性特点。主要农作物秸秆有稻草、玉米秸秆、小麦秸秆、大麦秸秆、高粱秸秆、棉花秸秆、花生秧、红薯藤等。秸秆类饲料资源的特点：

（1）作为一种非竞争性资源，秸秆产出数量大、分布广、种类多且价格低廉。

（2）在自然条件下大多是一种营养价值较低的粗饲料。

（3）粗纤维含量高、蛋白质含量低、可消化养分低、质地粗硬、适口性差、饲用价值低。

（4）呈现明显的区域和季节相对集中的特点。

## 2. 糟渣类

糟渣类饲料资源是指农产品加工后的废弃物和工业下脚料中可以作为饲料资源的部分等，在我国主要包括：白酒糟、啤酒糟、醋糟、酱油渣等酿造业糟渣，菠萝渣、苹果渣、柑橘皮渣等水果加工业糟渣，甘蔗渣、甜菜渣、糖蜜等制糖工业糟渣，红薯、马铃薯、木薯等淀粉渣以及豆腐渣等。糟渣类饲料资源的特点：

（1）糟渣类作为非常规饲料原料，具有来源广、种类多、价格便宜等优点。

（2）含水量高，很容易发霉腐败变质。

（3）在烘干过程中糟渣中的淀粉容易糊化联结成团。

（4）含抗营养因子，直接饲喂影响消化吸收。

（5）营养成分变化大，不同生产原料和生产工艺，糟渣营养物质的种类和含量差异大。

（6）营养价值低，部分糟渣类饲料资源粗纤维含量比较高、能量低、适口性差。

## 3. 糠麸类

糠麸类饲料资源主要是各种粮食加工后副产品，如米糠、统糠、麦糠、玉米皮等，但不包括麦麸。糠麸类饲料资源的特点：

（1）这类资源丰富，但存在易氧化的问题，如通过及时发酵处理利用，可提高其利用价值。

（2）除低档次的副产品统糠外，蛋白质平均含量比谷实类饲料高，而代谢能水平只有谷实类饲料的一半左右。

（3）B族维生素，尤其是硫胺素、烟酸、胆碱和吡哆醇含量较高，维生素E含量较丰富。

（4）物理结构疏松，含有适量的粗纤维和硫酸盐类，有轻泻作用，是奶用、繁殖家畜及马属动物的常用饲料，幼畜、家禽不宜多喂。

（5）钙含量少，磷含量高，且多为植酸磷，吸收利用率差。

（6）吸水性强，容易发霉变质，尤其米糠含脂肪多，更易酸败，难以储存。

### 4. 中药渣

中药渣来源于各类中成药、原料药、中药加工炮制等生产加工过程中产生的大量中药废弃物，其中中成药生产中残留的药渣最多，约占中药渣总量的70％。中药渣饲料资源的特点：

（1）中药渣种类多，成分复杂。

（2）中药渣一般含水量较高，长时间堆放不及时处理极易腐败，在夏季尤为严重。

（3）中药渣的有效成分含量低，但药渣中通常还存在一定量的活性成分。

（4）部分药渣中含有少量蛋白质、多种氨基酸和多种微量元素，有的中药渣可直接作饲料，有的通过加工处理可作饲料添加剂，能促进畜禽生长，提高饲料报酬。

### 5. 其他

如构树叶、桑叶、柠条、大叶速生槐树枝叶等都可用于饲料。各种残次水果与蔬菜的尾菜，食用菌培养基质以及可用于饲料的部分园艺作物秸秆等。

### 四、开发地源性饲料的有利条件

（1）生物技术的快速发展，使微生物发酵技术日趋成熟，发酵工艺日趋完善，可以通过发酵处理技术对低值农副产品进行高值化利用，提高其饲用价值。

（2）地源性饲料原料的地域局限性强，饲料原料的储藏和运输存在明显的制约因素，充分利用当地特色农副产品开发地源性发酵饲料成为更好的选择。

（3）湿拌料或液体饲料饲喂系统开始应用于生产，发酵设备的小型化和便捷化以及兼顾经济性和实用性，助推了地源性饲料的发展。

（4）"公司＋农户"的利益命运共同体以及适度规模化养殖，有利于推动地源性饲料原料直达养殖终端，实现就地发酵，就近喂用。

（5）目前饲料行业内的生产技术差异化正在逐渐缩小，产品同质化现象相当严重，开发各具特色的地源性饲料产品，有利于构建地方特色的地源性饲料养殖模式。

## 五、开发地源性饲料关键技术

地源性饲料资源的开发与应用需要对一系列关键技术加以集成、示范和推广，并有机地加以整合，才能有效地推动地源性饲料的发展，实现经济、社会和生态环境多重效益。围绕地源性饲料资源的开发利用，涉及的关键应用技术集成主要包括以下几个方面。

（1）发酵工艺与发酵设备、菌种选择与发酵技术是保障发酵饲料质量的关键。

（2）经济、实用的湿拌料或液体发酵饲料配制技术和养殖成套饲喂系统的开发。

（3）地源性饲料产品应针对性、时效性、地域性强，能够实现经济效益的最大化。

（4）粪便无害化处理，构建生态循环无污染健康养殖模式，实现多重效益的递加。

（5）发展地源性饲料核心是资源利用价值最大化和经济、社会、生态效益的最大化。

### 六、地源性饲料配方的发展趋势

当前饲料市场产品技术差异化正在缩小，产品同质化现象相当严重，市场竞争激烈。同时常规饲料原料紧缺，价格一路走高，致使饲料成本增加。随着农副产品和工业副产品等非常规地源性饲料原料越来越多地引入到饲料配方之中，对这些廉价原料进行前处理来改变原料的营养价值，以及对复杂原料的品质控制能力，成为饲料厂盈利的关键点之一。

养殖场饲养的畜禽品种、生产规模等差异以及追求目标不同，决定了饲料产品的多样化，与饲料厂互动的定制模式成为新的发展趋势，趋向于客户需求与饲料产品进行直接对接，当今的"静态配方"必将走向"动态配方"，配方将强调与养殖现场的互动，利用地源性饲料进行营养设计将更加精准。配方将围绕：成本更低，符合生产实际需要饲料产品，将更具有地域性强、季节性强、互动性强、针对性强、经济效益和生态效益兼顾等特征。

饲料产品的个性化和多元化，什么样的饲料产品能够达到什么样的生产效果，适合什么样水平的养殖场使用，将成为配方师的工作重点。现今绝大多数配方师还不能达到这个层次，原因是他们大多没有与养殖现场互动跟进，故无法走出静态配方的局限和束缚。

### 七、地源性饲料应用中存在的主要问题

尽管对地源性饲料发展前景持乐观态度，但目前仍存在一些制约发展的问题。

（1）地源性饲料原料一般含水量高，随意堆放不作任何处理的现象普遍存在，这样极易被致病菌感染，也容易霉变腐败，造成资源浪费和污染环境。

（2）地源性饲料烘干制成饲料原料，这种方式耗能高、成本高、利润低，且烘干过程也容易造成营养物质的流失。

（3）地源性饲料发酵处理后，或采用液体饲料饲喂模式，原料营养学指标、配方设计等有待进一步调整和完善补充。

（4）地源性饲料应用需要打通发酵工程、养殖设施、饲料和肥料等之间的行业间隔，加速培养复合型人才，需要打造专业服务团队。

（5）地源性饲料较适合肉猪、肉牛和肉羊等育肥期动物，主要是在有地源性饲料资源的区域进行推广，在一定程度上还会和传统饲料企业产生市场竞争。

（6）市场混乱，技术标准不统一，需要加强政府引导，部门监督和行业管理，促进产业标准化建设。

## 第二节　地源性饲料利用模式

当前，饲料和畜牧业生产转型的核心是资源利用价值最大化和环境保护效果最大化，而开发地源性饲料的效益主要体现为：一是提高资源利用效率和畜产品的质量；二是降低养殖成本和改善养殖环境，实现经济、社会和生态效益的同步提升。

地源性饲料开发需要从收集、储运、配制、加工、饲喂和废弃物处理等全过程采用生物、营养和工程技术等实现其有效应用和推广，才能获得较好的经济、社会和环境效益。通过生物发酵配套技术，可有效解决地源性饲料保质难等瓶颈，提高地源性饲料高值化利用率。推广地源性饲料利用模式，要做到以下几点：

（1）组织"公司＋农户"适度规模化经营，形成地源性饲料开发命运联合体，有利于地源性饲料推广应用。

（2）构建养殖场配套工程技术和生产管理系统，为养殖业提供一套科学的降本、增效、安全、环保、健康养殖的地源性饲料利用综合解决方案。

（3）从饲料、饲喂和废弃物处理采用生物、营养和工程技术推进生态循环养殖，获得最佳养殖效益和环境保护效果。

（4）通过地方政府的支持和引导，在当地形成具有地方特色的养殖发展模式。

## 模式一：

## "粪-肥-草-饲"多元循环梯级利用综合配套模式

### 一、模式特点

本模式是以湖南碧野生物科技有限公司研制的发酵设备与技术为核心，一台设备实现"以粪制肥-以肥种草-以草变饲-以饲养畜"的多元循环处理及梯级利用闭环模式。

（1）一机三料　一台设备，能制造发酵饲料、种植基料和有机肥料。

（2）梯级利用　秸秆通过配方制成发酵饲料养畜，其粪便通过配方制成有机肥料用于种植作物。

（3）无抗两减　发酵饲料可提高畜禽免疫力、改善胃肠道功能、保障动物健康、促进动物生长、实现无抗养殖；生产的有机肥用于农作物种植，可减少化肥和农药的使用。

（4）种养循环　即"以粪制肥-以肥种草-以草变饲-以饲养畜"的生物资源闭环利用模式。

### 二、模式框架

湖南省浏阳市丰东农场利用自产的农作物秸秆和饲草等饲料资源，通过发酵设备生产发酵饲料，用于自家饲喂牛羊；将养殖场产出的干清粪配合其他原料，使用发酵设备进行高温无害化快速发酵，制成有机肥料，用于农场耕地的有机水稻、蔬菜种植；尿液通过三维生物好氧池，用于养殖场牧草浇灌施肥。所产牧草和农场自产的农作物秸秆，加工厂

123

所产生稻糠等副产物来制作发酵饲料喂养牛羊，实现养殖场资源循环梯级利用，污染减量，化肥农药减施，效益连增不降，品质安全提升的目标。

发酵设备可实现"一机三料"，在农业废弃物饲料化、基料化和肥料化等领域创立了多种处理新模式。湖南省浏阳市丰东养牛场，运用本技术与设备建成的"粪-肥-草-饲"多元循环处理及梯级利用模式，实现了绿色无抗养殖，源头污染物零排放，环境得到了彻底的改变，综合效益十分明显。

## 三、模式流程

"粪-肥-草-饲"多元循环梯级利用综合配套模式流程如图 5-1 所示。

## 四、处理技术

### 1. 固态粪污处理技术

（1）粪污收集　通过干清粪方式收集养殖场的畜禽粪便，立即进入下一个环节，做到当日清理当日消化。

（2）配比调湿　粪便含水量较高，C/N 值较低。将一定量含碳较高的干秸秆（如粉碎后的秸秆、玉米芯、菌糠、木屑、谷糠等）进行干湿配比，调整含水率在 50％～60％，碳氮比 25∶1。

（3）高温灭菌　将物料输送到设备内，温度升至 80℃以上，对混合料进行高温灭菌 2 小时左右。

（4）快速发酵制肥　物料降温至 50℃左右，添加专用高活性菌种BY-F，进入恒温动态发酵阶段，运行 16 小时左右完成一次发酵。再降温至 45℃左右加入土壤有益菌搅拌均匀，扩繁 2 小时后出料。

（5）堆沤后熟　在外堆放 7 天以上即可完成有机肥后熟全过程，装袋待用。

（6）有机肥施用　产出的有机肥料（图 5-2），用于生态有机农业种植，一般 100 头牛配套 200 亩的农田，种植有机蔬菜、瓜果或水稻等，达到粪污就地处理消化，就地施用，实现种养平衡的目标。

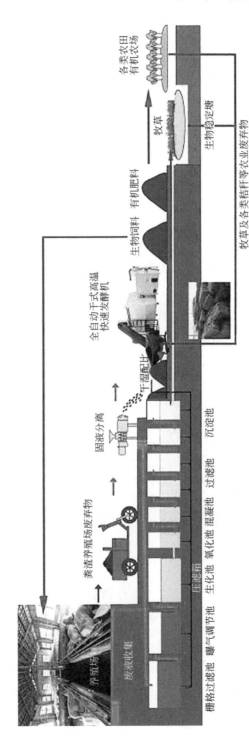

图 5-1 "粪-肥-草-饲" 多元循环梯级利用综合配套模式流程图

(a)　　　　　　　　　　　　　　(b)

图 5-2　牛粪加秸秆制作的有机肥

图 5-3　农场种植的牧草

## 2. 尿液处理技术

家畜尿液经过收集，进入三维生物好氧池，该池由水面放藻、水中增氧、水底养菌三维组成，处理后作为液体有机肥浇灌养殖场下方的牧草。一般 100 头牛配套 20 亩左右牧草地（图 5-3），可将尿液完全消化，不产生水体富营养化问题。

## 3. 发酵饲料制作技术

发酵饲料是本技术中的重点。农场产出的农作物秸秆、草料、尾菜等农业废弃物通过配方，运用该设备生产发酵饲料，实现"粗料变精料、生料变熟料、夏草变冬粮、窖藏变袋藏"牛羊饲料技术革新换代。

（1）收集粉碎揉丝　将农田和草地产出的秸秆、草料、尾菜和部分园艺作物秸秆等农业废弃物，用秸秆揉丝机粉碎搓揉。

（2）配比调湿　对粉碎搓揉的秸秆丝状物进行配方，加入蛋白、能量饲料以及饲料添加剂等，具体配比根据不同动物品种、生长阶段以及不同的饲料原料而定，干湿配比调整到含水率50％～60％。

（3）高温灭菌　将配料输送到饲料发酵机内，自动升温至75℃以上，高温灭菌熟化1～2小时。

（4）菌种添加　将物料降温至30～40℃，添加发酵饲料专用微生物菌种，先进行2～3小时的有氧发酵，然后加入厌氧菌搅拌均匀即可出料。

（5）厌氧发酵　出料后密封装入包装袋中厌氧发酵，视气温情况一般存放14～21天即可饲用。

制成的秸秆发酵饲料有如下特点：一是能充分发挥益生菌的作用，改善动物胃肠道菌群环境，建立微生态平衡，预防和减少疾病的发生；二是刺激动物体产生免疫力，提高动物的抗病能力，可以实现无抗养殖；三是发酵饲料中含有的多种不饱和脂肪酸或芳香酸，可明显刺激动物食欲，改善饲料适口性，提高采食量；四是饲喂发酵饲料能减少粪便中氮、磷等排放，改善养殖环境，有利于生态环保；五是畜产品品质得到提升，售价和销量得到提高，实现提质增效的目的。

## 五、适用范围

### 1. 模式适宜推广的畜种

该模式适宜在牛羊等草食动物上推广应用，因为草食动物对秸秆需求量大，在解决粪污的同时，又解决了秸秆污染问题和饲料短缺问题，其综合经济效益也相对较高；其次还可在禽类养殖方面推广应用，主要是禽类便于干清粪，加之发酵饲料可提高饲料利用率，减少养殖场的气味，改善养殖场环境；也可在生猪养殖上推广应用，可大大提高肉质，降低成本，提高效益。如制作猪禽发酵饲料，最好选用尾菜、红薯藤、花生秧及其他鲜嫩的秸秆等原料。

### 2. 模式适宜推广的区域

（1）模式可在全国范围内推广　本技术设备因为自带供热系统，加上微生物自身发酵过程中可产生大量热量，所以不受气候影响；另外设备采用一体化设计、一键式操作微电脑控制系统，技术成熟稳定，省工省时，操作简单，运营成本低。该模式在全国多地应用，效果显著。

（2）种植农作物品种、种植制度不限　在种植水稻、小麦、玉米、水果、蔬菜、茶叶、药材、牧草等区域都可以加以推广。适用于不同种植制度和种植方式的地区。

（3）养殖类型不限　养殖规模以中小型养殖场最佳，尤其适合生态有机养殖，因为养殖的产品质量好，通过品牌销售，优质优价，可获得显著的经济效益。

在应用过程中该模式主要适合干清粪养殖方法，在水冲清粪养殖场推广难度较大，因需要增加粪液分离设备，并且要增加养殖场周边牧草种植面积，才能消化大量的粪液。

## 六、丰东农场运作模式

丰东农场是一家小型的家庭农场，农场采用一台设备实现"以粪制肥-以肥种草-以草变饲-以饲养畜"的闭环模式，实现了自我消化，种养平衡。

### 1. 丰东农场基本情况

丰东农场位于湖南省浏阳市，占地面积150亩，建筑面积及附属设施用地3000多平方米。现已流转土地1400余亩（含山地），属一家集母牛繁殖、肉牛育肥、浏阳黑山羊养殖、蜜蜂养殖和有机水稻、玉米、油菜等农作物种植于一体的典型种养相结合的农场。农场年产有机大米6万千克、每年出栏肉牛120多头、蜂蜜1500千克左右；另外常年存栏成年母牛70多头，黑山羊200余只，年创产值500余万元，是达浒镇产业扶贫类项目，有效带动了周边农户的产业脱贫。

农场拥有一套ZF-5.5型设备，通过该设备将养殖场的干清粪添加干秸秆高温无害化快速发酵，制成有机肥料，肥料用于260多亩生态农作物种植（剩余部分外销）；尿液通过三维生物好氧池，用于养殖场牧草种植（种植皇竹草20多亩）；将农场回收的秸秆和牧草等通过该设备制成发酵饲料喂牛，最终实现养殖场全年粪污全减量的目标，建成了"粪-肥-草-饲"一机多元循环处理及梯级利用综合装配技术示范样板。

**2. 生产模式**

（1）养殖场粪便现场制成有机肥　收集粪便→配方调湿→高温灭菌→快速发酵→制成有机肥→作为生态水稻、牧草、蔬菜基地肥料。该项目实施区存栏母牛76头，采用干清粪方法收集粪便，每天量1200千克左右，粪便每三天生产一批有机肥料，肥料一部分自用，种植有机水稻210亩，部分被周边果农订购。固粪完全利用，源头100%减量，可实现本养殖场生产肥料自用消化，实现第一循环链。

（2）养殖场的尿液变成饲草液体追肥　尿液收集→三维生物好氧池→沼液用于牧草种植，沼气作为公司养殖基地日常能源。养殖场产生的尿液进入三维生物好氧池处理，每天量为300千克左右，处理后直接用于养殖场下方20多亩皇竹草灌溉，皇竹草用于本场制成发酵饲料喂牛。尿液完全消化减量，下方无废液排出，实现第二循环链。

（3）农作物秸秆制成发酵饲料　秸秆（基地农作物秸秆、牧草、尾菜等）农业废弃物收集→揉丝机粉碎→配方调湿→高温灭菌熟化→菌种辅料添加→快速发酵→出料→厌氧发酵→发酵饲料喂牛。农田产出的农作物秸秆全部回收，制成发酵饲料用于本场喂牛，少部分与牛粪配方，制成肥料，秸秆全部消化，秸秆资源得到了充分的利用，实现第三循环链。

该模式（图5-4）的实施，使养殖场取得了良好的生态和经济效益，农场及附近的生态环境显著改善，养殖场无臭气，下方无废水，全过程无废物，实现了养殖场真正的零排放。成为"粪-肥-草-饲"一机多元循环处理及梯级利用综合配套技术典型示范基地。

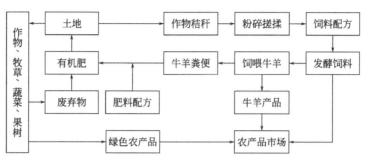

图 5-4    "粪-肥-草-饲"多元循环梯级利用综合配套模式

## 3. 经济效益分析

（1）养殖经济效益分析    利用农场产出的农作物秸秆等副产品通过发酵设备生产发酵饲料饲喂牛、羊（图 5-5）。发酵饲料与常规饲料饲喂对比试验显示：试验组 60 天平均每头牛日增重 972 克，对照组日增重 850 克，试验组比对照组多增加 122 克，提高 14.35%。

(a)                                      (b)

图 5-5    喂养秸秆发酵饲料的肉牛毛色光亮、粪便不臭、膘肥体壮

试验组日粮组成为发酵玉米秸秆、玉米粉、麦麸、菜粕及预混料等，每头牛每天的饲料成本为 8.15 元；对照组的日粮组成为鲜玉米秸秆、玉米粉、麦麸、菜粕、酒糟和预混料等，每头牛每天的饲料成本为

8.85元。试验组饲料成本比对照组降低了7.91%。

试验组每头牛每天增重效益为25.22元，减去饲料成本8.15元，每天利润17.07元。对照组每头牛每天增重效益为22.1元，减去饲料成本8.85元，每天利润13.25元。试验组综合效益比对照组提高28.83%。2016～2018年平均每年养牛约100头，生产发酵饲料200吨，按对比试验数据显示，饲喂发酵饲料每年增加收益约14万元。

（2）生态有机种植效益分析

① 成本分析　种植有机水稻面积210亩，每亩施有机肥500千克，每年需有机肥105吨；用牛粪生产有机肥种稻，不但肥效高，培肥土壤的效果好（图5-6），每吨节约施肥成本320元（采购有机肥800元/吨，自产有机肥480元/吨），合计节省3.36万元左右的有机肥开支。

图5-6　稻田常年施用有机肥，土壤"黑、肥、松、软"

② 增收分析　因施用自产高品质生物有机肥，肥效好，土壤得到改良，亩产有机水稻310千克，亩产增收30千克以上（2016年亩产280千克），总产为65100千克，总增产6300千克，增加收入61740元，采用有机生态种植每千克水稻售价14元，比普通种植产品价格4元/千克，增加收入18.3万元。以上三项合计增收27.8万元。

③ 肥料创收　年生产有机肥料 380 吨，其中：用于有机水稻生产
105 吨，用于水果等经济林生产 100 吨；除自用外，另有 175 吨外销，
纯利每吨 320 元，利润 5.6 万元。

# 模式二：

## 杂交构树-发酵饲料-养畜全产业链配套模式

杂交构树是通过太空搭载育种，杂交选育出的优良杂交构树品种
（见图 5-7）。具有生长年限长、适应性广、易繁殖、树叶营养价值高等
特点，其嫩枝树叶经过粉碎后可直接用于家畜鲜饲，也可通过发酵制成
生物发酵饲料饲喂。

图 5-7　两年生构树的长势长相

## 一、杂交构树特性

### 1. 适应性强，速生丰产

杂交构树适应性强，耐干旱瘠薄、耐盐碱，在低山丘陵、河滩地生
长良好，能有效利用低产田和空隙地。杂交构树生长速度快，当年种植

生长高度可达 4～6 米，伐后可以再生，一年可收割 4 茬，种植后可连续收获 8～10 年。采用合理栽培技术，种植当年亩产构树干物质 2.5 吨，第二年每亩产量可达 4 吨左右。生产成本低，资金周转快，既减少了企业投资，又有利于农户种植推广。

### 2. 营养丰富，适口性好

杂交构树叶含丰富的粗蛋白质，氨基酸含量高，粗脂肪与钙的含量也较高，中性洗涤纤维和酸性洗涤纤维含量相对较低，微量元素铁、锰、锌等含量较多，具有较高的饲用价值。构树叶干物质中粗蛋白质 23.21%、粗脂肪 5.31%、粗纤维 15.6%、粗灰分 15.8%、钙 4.62%、磷 1.05%。杂交构树叶适口性好，具有独特的清香味，鲜叶猪、牛、羊可直接食用，鸡、鸭、鹅也喜食，粉碎作为配合饲料的原料适合于各种畜禽饲用。

## 二、杂交构树叶发酵饲料的特点

### 1. 蛋白质含量提高

选用 10 月下旬一年生构树叶制作发酵饲料，发酵 5 天和 9 天后饲料中粗蛋白含量增加 16.3% 和 23.9%，粗纤维含量降低 15.3%。

### 2. 消化利用率高

构树叶营养丰富，但没有经过发酵的构树叶蛋白质和能量虽然高但消化利用率不高。经过发酵处理可得到明显的改善，其饲料消化率达 80% 以上。

### 3. 适口性好

发酵制成的构树叶饲料具有独特的清香味，动物喜吃、吃后喜睡、长势快、抗病力强、饲养周期短。通过科学配方可满足畜禽的营养需要。

### 4. 屠宰率高

使用构树叶发酵饲料饲养的牲畜，出栏时动物形态好、精神好、皮红毛亮、屠宰率高、瘦肉率高、肉质纯正、味道鲜美，回归自然品质，真正的绿色食品，市场售价高，效益好。

## 三、构树饲料配制技术要求

### 1. 加入能量饲料

杂交构树叶发酵后可以提高能量水平，但整体上可能仍然缺少能量，应加入部分能量饲料一起发酵或发酵后添加部分能量饲料。加入能量物质的作用如下。一是提高构树饲料的能量水平，满足动物对能量的需要。二是吸收新鲜构树叶中的多余水分。新鲜构树叶中含水量在75%左右，如果直接发酵，可能因水分含量过多容易发生腐烂变质现象，也可能产生大量亚硝酸盐，所以必须加入其他干的原料吸收多余的水分。加入25%～30%玉米粉后，可以吸附新鲜构树叶中多余的水分，使发酵料的含水量控制在50%～60%。三是补充发酵微生物所需的能量，利于发酵快速启动，充分发酵。为了降低成本，能量饲料玉米粉也可以用麦麸、米糠、甘薯粉、次粉等代替。

### 2. 注意养分平衡

猪日粮中使用构树叶粉应注意养分平衡。由于构树叶粉有效能值偏低，在配制构树叶粉日粮时，应注意整体提高日粮的能量水平；部分微量元素含量偏低，应补充部分微量元素。构树叶粉的氨基酸不平衡，主要限制性氨基酸为含硫氨基酸，用构树叶粉作生长肥育猪的饲料时，需注意添加含硫氨基酸。构树叶中维生素含量丰富，不必另外添加维生素。为改善构树叶中含有大量单宁造成的涩味，可在发酵前按每100千克发酵饲料加入6～10克糖分含量高的物质（用少量水溶解后再加入）进行调节。

### 3. 构树发酵饲料替代量

构树发酵饲料饲喂猪时，应根据不同生长阶段确定在全价饲料中的替代量，替代量一般以5%～20%为宜。如果想增加构树叶饲料的喂养比例，可以通过观察动物的反应情况慢慢增加用量，达到20%以上用量时，需要补充营养。养猪生产中宜先少后多逐日增加到最大饲用量，使猪有一个适应过程，同时要与日粮充分混合后饲喂。此外，还要注意供给充足的饮水。

## 四、华阳"构树发酵-养猪"全产业链模式

湘潭产业投资发展集团有限公司与中国华阳集团共同投资成立了湘潭华阳构树产业发展有限公司，打造万亩杂交构树全产业链项目。第一期工程在湘潭县的梅林桥、谭家山镇等地种植4600亩杂交构树。于2018年引进湖南碧野生物科技公司的发酵饲料生产成套设备，建成了2条构树发酵饲料生产线并成功投产。该生产线体现了工艺革新、设备创新、生物强化、配方优化等特点。

### 1. 构树饲料化加工技术模式特点

（1）在秸秆揉丝机破碎搓揉的基础上喷洒微生物菌种，实现常规青贮保鲜的技术升级。

（2）发酵机新增好氧发酵阶段，强化饲料菌酶协同生物功能，实现饲料加工工艺创新。

（3）灌包机完善湿料称量灌包系统和配套储料转运设备一体化，实现储藏包装革新。

（4）搅拌机补齐饲料投喂前拌料机械设备的短板，实现均匀混合和省工省时省力。

### 2. 构树发酵饲料加工工艺

构树发酵饲料加工工艺流程：原料收集→原料粉碎→原、辅料配合进料→高温灭菌、熟化→冷却→添加好氧发酵菌种（BY-S-H）→好氧发酵→添加厌氧发酵菌种（BY-S-Y）→搅拌均匀→出料包装→储存、厌氧发酵→喂养。

（1）原料收集与粉碎　适时收割是保证构树发酵饲料质量的关键，

在构树生长高度 0.8~1.0 米时收割较好，最迟不能超过 1.2 米。如延迟收割，粗纤维含量增加，生长期越长木质化程度越严重。新鲜构树不耐储存，原则上要求当天收当天用，如果叶片开始变黑、发霉则不能用。收集的构树通过秸秆揉丝机粉碎呈粉末状态（图 5-8），原料粉碎后应立即使用，因粉碎料比原料更易霉变、腐烂。

图 5-8　构树及其揉丝粉碎后丝状物

（2）原、辅料配合进料　原、辅料的配比要求以干物质计算，根据喂养对象计算出合理的配方，构树的添加比率一般为 30%～50%，将原、辅料按计算好的比率加入发酵机内加热。但粉碎后的构树受热后易变黏，变黏的物料会在发酵机内出现结块现象，不利于发酵和混合，所以要将构树和辅料玉米粉、麦麸等混合后一起加入。混合后水分控制在 50%～60%，在整个生产过程中大约会蒸发掉 5% 的水分，最终产品的水分含量控制在 50%～55%。

（3）高温灭菌、熟化　原料进入发酵机后，开启连续搅拌和加热系统，加热至 80℃ 维持 1 小时，达到杀菌和降解抗营养因子并使物料适当熟化的目的。关闭加热系统持续搅拌散热，将物料温度冷却至 30～40℃，再进入下一工序。

（4）添加发酵菌种和辅料　冷却至30～40℃后，按不低于总物料千分之一的比例添加好氧发酵菌剂（BY-S-H），边添加边搅拌，待菌种搅拌均匀后改用间歇搅拌，每搅拌3分钟停止5分钟，同时开启供氧系统并维持2～3小时。再按不低于总物料千分之一的比例添加厌氧发酵菌剂（BY-S-Y）和添加剂预混料，均匀缓慢撒入，边添加边搅拌，物料混合均匀即可。

（5）出料、计量包装　物料混匀后即可出料，出料后应当立即包装。包装用具应具有向外单向排气功能（如发酵袋、发酵桶）。计量时要准确，偏差不能超过标识的1%。

（6）储存、厌氧发酵　包装好后进入厌氧发酵阶段（图5-9）。放阴凉干燥处，避免阳光直射，储存时间一般为14～21天，不同的气温条件储存时间的长短不一样，气温高时储存期可短些。

（7）喂养　喂养的原则是先少后多，逐步添加，发酵饲料猪一般添加量在10%左右，母猪添加量可以多一点，最高添加比率不宜超过总饲喂量的20%。包装打开后要尽快用完，未用完的即使重新密封，时间长了也会霉变。

(a)　　　　　　　　　　　　　　　　(b)

图5-9　正在进行厌氧发酵的构树发酵饲料

### 3.构树发酵饲料应用效果

湘潭华阳构树产业发展有限公司利用自产的构树发酵饲料在湘潭县

沙子岭猪场进行了湘沙猪试喂。结果显示，添加10%的构树发酵饲料的猪只健康活泼，肉质鲜嫩风味好，饲喂过程无任何用药。2018年10月20日，湘潭市科技局组织专家测评组在屠宰现场对构树发酵饲料试喂的猪肉进行各项指标测评，农业农村部生猪质量检验测试中心（武汉）现场生成检测数据报告。专家组认为：华阳构树生物发酵饲料的生产技术路线正确，产品质量稳定，替代部分配合饲料喂养生猪完全可行并能降低生猪养殖成本，建议中国华阳集团进一步加大构树生物发酵饲料研究和推广应用力度，促进我国南方种植业结构调整和优质猪产业的发展。

## 五、杂交构树利用应注意的问题

2015年，国务院扶贫办将杂交构树确定为十大扶贫工程之一，支持部分贫困地区试点种植杂交构树，发展草食畜牧业。但在生产应用过程中应注意以下问题。

### 1. 适宜在山区栽植

杂交构树适应性强，适宜在低山丘冈地栽植，也可利用低产田和空隙地栽种。不宜大田种植，由于根系发达，利用年限长，消耗土壤肥力，土地复耕困难，可能影响后作产量。

### 2. 适用于家庭农场养殖

杂交构树嫩枝树叶蛋白质含量高，如果生长期过长或全株收割蛋白优势不明显。家庭农场种养结合可人工随用随收，多收叶少收茎秆，直接青饲，降低饲料成本。粪便可制作有机肥，高效环保。

### 3. 缺乏配套加工机械设备

大面积推广种植，只能机械收割整株利用，但需要完善专业化配套机械。目前，构树栽植可利用其他栽植机械，但收割机械不能使用普通饲料收割机，主要是由于杂交构树侧枝多且散，普通收割机械只能收割直立部分。

### 4. 构树的营养价值评定

构树作为非常规植物蛋白源饲料，嫩枝树叶粉碎直接饲喂效果较好。制成饲用干粉后蛋白质成本远高于豆粕。如不及时收割，粗纤维含量高、体积大、营养浓度低，在猪和家禽等单胃动物上应用受到限制。

### 5. 缺乏系统科学评价

目前主要研究集中于用构树叶粉饲养育肥猪，但对构树的营养成分尤其是蛋白质在不同畜种、不同生长阶段的利用效率尚不清楚。叶片中含有单宁产生涩味，茎秆木质素含量高影响其可消化性，需要对构树营养价值包括抗营养因子进行系统评定。许多报道都将构树叶的蛋白质含量与苜蓿进行比较，尤其要开展杂交构树和苜蓿的对比试验，就产量、品质、蛋白质利用效率和饲喂效果等进行比较，明确杂交构树的产品形式和功能定位。

### 6. 对经济效益进行评估

必须坚持种养结合。结合现有粮改饲等项目，在适宜地区开展试验示范，评估构树在牛、羊、猪等动物上的饲喂效果和经济效益，计算投入产出比，明确经济上的可行性，确保企业和种养户获得良好的经济收益。

## 模式三：

## 饲草-发酵饲料-山羊圈养模式

### 一、黑山羊养殖现状与问题

浏阳黑山羊是经过长期驯化选育出来的地方良种羊之一，因中心产区在浏阳故名浏阳黑山羊。在浏阳地区年养殖规模100万头以上，现在我国南方各地均有饲养。但现有养殖中存在如下主要问题。一是设施不配套。现大多为放牧散养，病虫害交差感染问题严重。二是饲草没保障。全年饲草供应不平衡，冬季早春缺少草料，山羊产业受到严重制约。三是饲草加工设备陈旧，加工技术落后。如饲草生长旺期，南方雨水多，池窖式青贮饲料易霉烂腐败。四是人力放养，劳动负荷重，生产效率低。

## 二、"饲草-发酵饲料-养羊"模式

湖南省浏阳市汪良佐针对目前山羊养殖中存在的问题，经过3年的摸索创造出"秸秆＋种草＋辅料＋菌种→发酵饲料→无抗养羊→网约订货→约期宰杀→定点派送"的养羊经营模式，取得了良好的效果。

### 1. 饲草

沙市镇地处丘陵，山地以油茶和薪炭林为主，自然牧草十分短缺。采取的措施：一是在农作物收获季节收集稻草、玉米秸秆、大豆秸秆、蔬菜瓜藤等农作物秸秆用于制作羊用发酵饲料；二是分季节配套种植饲料玉米、皇竹草（图5-10）、饲料油菜等，解决饲草季节供应不平衡的问题。

图5-10　皇竹草

### 2. 自制发酵饲料

引进BY系列发酵设备，将种植的牧草和收集的农作物秸秆等农业废弃物加辅料，通过"丝状破碎→搅拌搓揉→高温杀菌→好氧发酵→厌氧发酵"等工序，制作山羊专用发酵饲料并储存在缸、袋、桶中，供给圈养山羊的四季饲用（图5-11）。这样做的优点：一是无需天天从早到晚上山牧羊，只需按时取料投喂，劳动强度大为减轻；二是夏季草多时加工发酵储存备用，解决饲草供应季节性不平衡的问题，也就是"夏草变冬粮，养羊心不慌"；三是饲料质量稳定可控，营养齐全均衡，山羊健康生长；四是寄生虫感染概率大大减少，特别是绦虫的交叉感染得到明显抑制。

(a)　　　　　　　　　　　　　　(b)

图 5-11　稻草发酵饲料及其饲喂山羊

### 3. 实行"净、污两道分离，收集羊粪制肥"

为了改善羊舍环境，预防羊病，将原有羊舍进行改造扩建，完善设施，实行净、污两道分离。即山羊取食、活动在二楼的漏缝栅板上面，与一楼粪污完全分开；开通饲料加工区与投喂区专用道路，不与羊粪处理加工区域和通道共用。实行羊粪及时收集、就地进行高温无害化处理，并制作成商品有机肥料自己种植牧草与外售。

### 4. 全程"无抗"养殖

采取四大措施来实现无抗绿色养殖：一是通过饲喂秸秆发酵饲料，增加胃肠道中有益微生物数量，从而增强羊的抗病能力，达到不发病不用药；二是添加具有去热、健胃、润肠等保健功能的中草药（如汨罗建勋中药包）；三是定期驱虫，及时防疫；四是公母分栏，优劣分养，病羊先隔离，再喂中草药，净污分离，定期清栏消毒。

### 5. 打造优质品牌，实行现宰直销

山羊通过饲喂发酵饲料（表5-1，图5-12），实行无抗绿色养殖，山羊肉品质明显提高，特别是浏阳黑山羊风味特别浓厚，口感好，深受消费者喜爱。尽管其售价比同类羊肉高出20%以上还是供不应求，顾客大多通过网络订货、约期宰杀、定点派送的形式购买。

**表 5-1　浏阳黑山羊参考饲料配方**

| 配方 | 稻草 | 玉米秸 | 干草粉 | 豆腐渣 | 玉米粉 | 麦麸 | 菜粕 | 预混料 |
|------|------|--------|--------|--------|--------|------|------|--------|
| 1 | 40 | — | 5 | 4 | 18 | 25 | 4 | 4 |
| 2 | 45 | — | 5 | 4 | 20 | 18 | 4 | 4 |
| 3 | 50 | — | 3 | 4 | 18 | 16 | 5 | 4 |
| 4 | 55 | — | 3 | 4 | 18 | 10 | 6 | 4 |
| 5 | — | 50 | 5 | 3 | 15 | 19 | 4 | 4 |
| 6 | — | 55 | 5 | 3 | 11 | 18 | 4 | 4 |
| 7 | — | 60 | 4 | 2 | 12 | 13 | 5 | 4 |
| 8 | — | 65 | 4 | 3 | 10 | 8 | 6 | 4 |
| 9 | — | 55 | 6 | 5 | 11 | 15 | 4 | 4 |
| 10 | — | 58 | 3 | 10 | 12 | 10 | 3 | 4 |

注：1.纯稻草发酵需添加2%的玉米粉或其他能量饲料。

2.发酵饲料酸度过大影响适口性和采食量的情况下可添加1%的小苏打粉。

3.该配方适应于浏阳黑山羊，生产中应根据其体重大小作适当调整。

4.将精粗饲料原料一起发酵制作的秸秆发酵饲料，日食量一般为50%～80%，但不能超过80%，其他部分可用未发酵的青粗饲料。

图 5-12　黑山羊正在取食发酵饲料

# 模式四：

## 柠条-发酵饲料-滩羊养殖模式

柠条又叫毛条、白柠条（图 5-13），为豆科锦鸡儿属多年生落叶灌木。柠条根系极为发达，适应性强，耐旱耐寒，是干旱、荒漠草原地带

图 5-13　3 年生的柠条

的旱生灌丛，是我国西北、华北、东北西部水土保持和固沙造林的重要树种之一，同时也是良好的饲料资源。

## 一、柠条的饲用价值

柠条是良好的饲用植物，一年四季均可放牧利用，尤其在冬春枯草季节和遇特大干旱或大雪即"黑白灾"时，柠条更是一种主要的饲草饲料，称为"救命草"。因春季柠条比牧草发芽展叶早，又耐牧，又称为家畜的"接口草"。除放牧利用外，也有氨化、青贮、黄贮、微贮等利用方式。

柠条枝叶繁茂，枝梢和叶片可作饲草，种子经加工后可作精饲料，也可将柠条加工成草粉与其他饲料原料配合成全日粮饲料，放牧是柠条的主要利用方式。柠条茎秆粗硬，粗纤维含量高，适口性差，利用率低。经过物理、化学、生物处理能提高柠条的营养价值。

生长五年以上的柠条草场，其可食的枝叶部分折合成干草为200千克/亩。柠条嫩枝叶营养价值高，含粗蛋白质22.9%、粗脂肪4.9%、粗纤维27.8%；种子中含粗蛋白质27.4%、粗脂肪12.8%、无氮浸出物31.6%。但不同生育期的营养成分含量差异大（表5-2，表5-3）。

表5-2　不同平茬间隔年限柠条营养成分含量　　单位:%

| 平茬间隔 | 水分 | 粗蛋白 | 粗脂肪 | 无氮浸出物 | 粗纤维 | 粗灰分 | 钙 | 磷 |
|---|---|---|---|---|---|---|---|---|
| 1年 | 6.50 | 10.60 | 3.99 | 40.36 | 8.33 | 3.47 | 1.52 | 0.74 |
| 2年 | 6.54 | 9.97 | 3.71 | 37.43 | 16.35 | 3.07 | 1.51 | 0.77 |
| 3年 | 6.49 | 10.25 | 3.40 | 38.36 | 14.80 | 3.97 | 1.75 | 0.85 |
| 4年 | 6.57 | 8.87 | 2.95 | 38.97 | 16.35 | 3.69 | 1.62 | 0.82 |
| 5年 | 6.33 | 8.57 | 3.73 | 37.85 | 17.09 | 2.98 | 1.48 | 0.78 |

注：1.不同平茬间隔年份样品为当年4月采集。

2.引自温学飞等，2018。

表 5-3　不同平茬月份柠条营养成分含量　　　单位:%

| 平茬月份 | 水分 | 粗蛋白 | 粗脂肪 | 无氮浸出物 | 粗纤维 | 粗灰分 | 木质素 |
|---|---|---|---|---|---|---|---|
| 2 月 | 8.01 | 9.01 | 3.65 | 32.42 | 44.3 | 2.62 | 8 |
| 4 月 | 7.11 | 9.56 | 3.91 | 33.96 | 42.76 | 2.7 | 7.11 |
| 5 月 | 7.32 | 10.26 | 3.18 | 36.03 | 39.57 | 3.64 | 7.32 |
| 6 月 | 7.61 | 12.65 | 3.76 | 36.15 | 35.58 | 4.25 | 7.61 |
| 7 月 | 6.99 | 11.28 | 5.50 | 35.39 | 36.65 | 4.19 | 6.99 |
| 8 月 | 6.56 | 10.33 | 6.22 | 34.57 | 37.76 | 4.56 | 6.56 |
| 9 月 | 6.57 | 9.68 | 3.45 | 37.35 | 39.45 | 3.5 | 6.57 |
| 10 月 | 7.34 | 7.11 | 4.85 | 36.17 | 41.32 | 3.21 | 7.34 |
| 11 月 | 6.01 | 9.3 | 3.88 | 35.05 | 42.23 | 3.53 | 6.01 |

注：1. 表中数据为当月采集到的多年生柠条全株风干物营养成分含量。

2. 引自温学飞等，2018。

## 二、盐池柠条发酵饲料饲养滩羊模式

### 1. 基本情况

滩羊是在当地自然资源和气候条件下，经风土驯化和当地劳动人民精心选留培育形成的一个优良地方裘用绵羊品种，主要分布于宁夏、甘肃、内蒙古、陕西和宁夏毗邻的地区。宁夏盐池县地处宁夏中部干旱带，有适于滩羊生长特定的自然条件，盐池滩羊一直以优质的毛皮和肉质口感誉满全国和世界一些国家和地区，成为盐池地理标志保护产品和地理标志证明商标。盐池滩羊也是我国优质品牌羊肉之一，其肉质细嫩，脂肪少而分布均匀，胆固醇含量低，无膻味，营养丰富，羊肉具有特殊风味，深受广大消费者青睐。

滩羊在放牧条件下，成年羯羊体重 50～60 千克，成年公羊体重 45～50 千克，成年母羊体重也有 40～45 千克，二毛羔羊体重为 6～8 千克。二毛皮是滩羊的主要产品，为羔羊 1 月龄左右时宰剥的毛皮，羊毛富光泽和弹性。

盐池县飞达农机化服务专业合作社主要从事农田水利、荒漠治理机械作业服务和农业机械使用技术培训；小杂粮、温棚瓜果种植；牧草打捆、柠条收割与加工；滩羊养殖与销售等项目经营。该合作社 2017 年前养殖山羊，2018 年开始将滩羊养殖作为重点项目经营，现存栏滩羊 1000 多头。滩羊养殖过去以放牧为主，现已全面禁牧。为了解决圈养滩羊的饲料问题、无抗养殖问题以及滩羊风味和品质等问题，2017 年从湖南碧野生物科技有限公司引进一台日产 10 吨的生物饲料发酵机，利用本地地源性柠条饲料资源生产柠条发酵饲料养殖滩羊，大幅度降低了养殖成本，提高了养羊的经济效益。

**2.柠条发酵饲料的制作**

柠条发酵就是在已粉碎搓揉的柠条细丝中加入特定的高活性的发酵菌种，经微生物发酵制成适口性好、营养丰富、消化利用率高的柠条发酵饲料。

（1）柠条原料的选用　根据对柠条的平茬间隔以及年生长情况各项营养指标综合分析认为，1～3 年生的柠条营养价值较高，年生长情况以 5～8 月份柠条蛋白质含量高，粗纤维含量较低，最好选用 3 年以内每年 5～8 月刈割的柠条用于制作柠条发酵饲料。柠条叶片养分含量比全株的养分高，收割时尽可能多地保存叶片。刈割后的柠条除鲜饲外，剩下的要快速阴干，防止养分损失过多而降低饲用价值。同时，为了保证柠条的质量，要适时平茬。从饲料加工方面考虑，建议在 5～6 月平茬。如果是为柠条更新复壮而平茬则在整个土壤封冻期的 11 月至次年的 3 月较好。

（2）柠条粉碎搓揉　柠条嫩枝叶的营养价值虽然较高，但柠条茎秆粗硬，粗纤维含量高，生长期长的木质化程度较高。用于制作发酵饲料的原料时需要进行粉碎揉丝。通过专用的秸秆揉丝机将柠条粉碎搓揉成 3～5 厘米纤维状细丝。一是通过粉碎细化和搓揉软化，提高适口性；

二是增加与微生物的接触面积，促进微生物对柠条的分解作用，提高柠条饲料的消化率。根据柠条的特性和生长年限，可采用一次性粉碎成粉，也可以先粗粉再加工或先切断后粉碎的工艺。

（3）高温灭菌　柠条收割后会因各种原因引起发霉变质，以及感染病菌和寄生虫等。为了保证柠条发酵饲料的质量，需对柠条原料进行高温灭菌净化。具体方法：将粉碎搓揉后的柠条放入发酵机内，加入适量的水（初始水分含量 65%～70%），进行 75～80℃ 以上 30～60 分钟以上灭菌与适当熟化处理，如果是当年的新鲜柠条 75℃ 60 分钟就可以，如果是保存比较久的柠条需进行 80℃ 60 分钟以上的处理。其目的一是杀灭原料中杂菌和虫卵；二是减少原料中抗营养物质，提高柠条的消化利用率。

（4）添加菌种与好氧发酵　将经高温消毒后的柠条物料冷却降至 35～40℃，按千分之一比例加入好氧微生物（图 5-14 中）进行好氧发酵 2～3 小时，主要作用是利用好氧微生物产酶等，增加饲料中蛋白酶、淀粉酶、脂肪酶、纤维素酶等消化酶，提高柠条的消化利用率等。好氧发酵过程完成后，根据滩羊营养需要配方加入适量的能量饲料、蛋白质饲料以及饲料添加剂等，再按千分之一的比例加入厌氧微生物菌种（图 5-14 左）搅拌 30～60 分钟即可进入下一道工序。

图 5-14　用于秸秆发酵的微生物菌种

（5）水分调剂　在加入辅料和菌种后需要进行水分调节，从初始水分含量 65％～70％调节至出料时的水分含量 50％～55％（用手紧握物料，指缝见水不滴水，松手即散为宜）。一般情况下，在加入干辅料后可以调节到含水量 50％～55％。如果没有达到理想的含水量，可以适当增加干物料的添加量或打开发酵机上盖在搅拌中让多余的水分蒸发。不同收割时期的柠条原料含水量稍有不同，需根据具体情况而调整。

（6）出料包装　物料通风降温至接近室温后，出料装入有密封功能和排气功能的容器中，边装料边压实，要尽量排出容器中的空气，最后将袋口扎紧密封。

（7）密封厌氧发酵　包装好后放阴凉干燥处进行厌氧发酵，厌氧发酵时间长短视气温而定，夏秋季 14 天左右，冬春季保温进行 21 天以上即可饲喂动物。

### 3. 饲养效果

合作社利用自己生产的柠条发酵饲料进行了滩羊育肥试验（图 5-15）。用于试验的滩羊平均体重 25 千克左右，对照组饲料为精料 40％、柠条粉 60％，试验组饲料为精料 40％、柠条发酵饲料 60％。试验结果表明：试验期间试验组滩羊平均日增重比对照组提高 18.6％以上，而且肉质好，价格优，深受消费者喜爱。

图 5-15　喂养柠条发酵饲料的盐池滩羊

模式五：

# 农副产品-发酵饲料-育肥牛模式

## 一、经营模式

湖南省岳阳市平江县郭圣明经营小规模家庭育肥养牛场，每年从小型散户手里收购 200～300 千克的牛进行圈养育肥后出售。该经营模式的特点是资金周转快、见效快、效益好，能充分利用地源性特色饲料资源加工发酵饲料养牛，实现低成本、高收益的效果。

## 二、发酵饲料的制作加工

利用本地农副产品饲料资源玉米秸秆、稻草、山间野草、湿豆腐渣、谷壳等，并根据营养需要配以玉米粉、稻谷、麦麸、菜粕和预混料等，利用湖南碧野生物科技有限公司的饲料发酵机，通过"秸秆撕碎搓揉软化→高温杀菌与熟化→添加微生物菌种和其他饲料原料→好氧发酵→厌氧发酵"的工艺制成秸秆发酵饲料（图 5-16）。

图 5-16　稻草发酵饲料实物图

## 三、发酵饲料喂牛效果

饲喂西门塔尔杂交牛试验结果显示，试验组日粮中添加 50％的秸秆等农副产品发酵饲料，对照组为养殖户自配的常规饲料。经过 60 天育肥，试验组平均每头牛日增重 1890 克，对照组平均每头牛日增重 1660 克，试验组比对照组提高 13.86％。减去饲料成本等，试验组综合效益比对照组提高 32.91％。根据养牛户反映，用农副产品发酵饲料养牛，牛皮毛光泽好，牛体健康（图 5-17），牛舍环境得到改善。并且操作简单，省工省时，能大幅度减少人工成本，经济效益明显提高。

图 5-17 喂养秸秆发酵饲料的肉牛毛色光亮、健壮无病

◆ **参考文献** ◆

[1] 生物饲料开发国家工程研究中心.生物饲料应用关键技术精选问答[M].北京:中国农业出版社,2017.

[2] 王恬,王成章.饲料学[M].北京:中国农业出版社,2018.

[3] 邢廷铣.农作物秸秆饲料加工与应用[M].北京:金盾出版社,2000.

[4] 郭庭双.秸秆畜牧业[M].上海:上海科学技术出版社,1995.

[5] 陆文清.发酵饲料生产与应用技术[M].北京:中国轻工业出版社,2011.

[6] 王春风.乳酸菌在畜牧业的应用[M].长春:吉林科学技术出版社,2006.

[7] 温学飞,潘占兵,左忠.柠条资源生态保护与应用技术研究论文集[M].宁夏:阳光出版社,2018.

[8] 北京生物饲料产业技术创新战略联盟.T/CSWSL 001—2018.生物饲料产品分类[S].北京:中国标准出版社,2018.

[9] 北京生物饲料产业技术创新战略联盟.T/CSWSL 002—2018.发酵饲料技术通则[S].北京:中国标准出版社,2018.

[10] 中华人民共和国农业部公告　第2045号.饲料添加剂品种目录(2013).北京:中国标准出版社,2013.

[11] 中华人民共和国国家质量监督检验检疫总局,中国国家标准化管理委员会.GB/T 23181—2008.微生物饲料添加剂通用要求[S].北京:中国标准出版社,2008.

[12] 中华人民共和国农业部.NY/T 815—2004.中华人民共和国农业行业标准　肉牛饲养标准[S].北京:中国农业出版社,2005.

[13] 中华人民共和国农业部.NY/T 816—2004.中华人民共和国农业行业标准　肉羊饲养标准[S].北京:中国农业出版社,2005.

[14] 于法稳,杨果.农作物秸秆资源化利用的现状、困境及对策[J].社会科学家,2018(2):33-38.

[15] 毕于运,王亚静,高春雨.中国主要秸秆资源数量及其区域分布[J].农机化研究,2010(3):1-7.

［16］方雷，贾强.棉花秸秆不同部位饲用价值的评定［J］.当代畜牧，2009(1)：25-27.

［17］敖晓琳，蔡义民，胡爱华，等.接种植物乳杆菌(*Lactobacillus plantarum*)对小规模饲料稻青贮品质的影响［J］.微生物学通报，2014，41(6)：1125-1131.

［18］阮继生."伯杰氏系统细菌学手册(第二版)"第 5 卷与我国的放线菌系统学研究［J］.微生物学报，2013，53 (6)：521-530.

［19］杨瑞，王歧，张露，等.放线菌扫描电镜样品制备方法比较研究［J］.电子显微学报，2014，33(1)：84-89.

［20］张团伟.高压 $CO_2$ 相态下乙醇发酵及酵母菌结构变化的研究［D］.天津：天津大学，2005.

［21］Cao G L, Ren N Q, Wang A J, et al. Statistical optimization of culture condition for enhanced hydrogen production by *Thermoanaerobacterium thermosaccharolyticum* W16 ［J］. Bioresour Technol, 2010, 101(6): 2053-2058.

［22］Hopwood D A. How do antibiotic-producing bacteria ensure their self-resistance before antibiotic biosynthesis incapacitates them［J］.? Mol Microbiol, 2007, 63 (4): 937-940.

［23］Li Y, Hu S, Gong L, et al. Isolating a new *Streptomyces amritsarensis* N1-32 against fish pathogens and determining its effects on disease resistance of grass carp［J］. Fish Shellfish Immunol, 2020, 98: 632-640.

［24］Xu H, Hao R, Yang S, et al. Removal of lead ions in an aqueous solution by living and modified *Aspergillus niger*［J］. Water Environ Res, 2021, 93(6): 844-853.